U0054480

奔跑吧！
從街頭到真正的家

不只是救援、不只是重生、
也是22個能讓你笑著流淚的生命篇章！

莉丰慧民V館
22個救援奮鬥的故事

喚醒每一個人都具備的愛與勇氣！

■ 大城莉莉

　　台灣，我生長的家鄉，我願以生命的理想澆灌，因信念發芽，開出一朵朵愛心慈悲之花。讓不完美的角落，這一片片幸運之草，向着陽光伸展，微笑面對生命的榮華。

　　我如大家一樣的平凡，努力追求未來的夢想～有朝一日身著名牌，嘗盡美食，環遊世界，享受藍藍的海洋。隨著夢想出發，時至今日，已經可以實現這樣的夢想，衣錦返鄉，悠閒購物，悠遊名勝，品味美食，安享餘年的芬芳。

　　但一路走來，卻讓我明白了生命的價值與理想，並不是享受夢想，而是慈悲與付出，才能喜悅充滿，生氣盎然。

　　每個人都能堅強存活在世界上的任何角落，但是，在台灣的許多角落裡，卻埋葬了不計其數的弱勢生命。牠們何其無辜與不幸，每當眼見毛小孩遭受虐待，或遭人棄養，我的心糾結，我的淚不止。

與其讓100隻狗，壓垮一個愛媽的一生，為什麼不能用100個人的力量挺住她，這是一份理念，需要靠實踐與付出，完成理想。

　　生命的重生與感動，促使我救護毛小孩的信念，堅定不移，為他們努力爭取生存的權利與尊嚴而奮鬥。總是不斷付出精力與資源，得見血淚之花自沙漠中成長，蘊育無數的歡顏與幸福，亦無悔無憾。

　　每一個人都具備着慈愛與勇氣，只要從心喚起，從心出發，一同努力，相信公平正義，終有彰顯的一天。

每個生命都是獨一無二的存在！

■ 張國彬（Vincent Chang）

　　每次從外面回到北館，一群小孩全擠上來，跳著叫著撲著，永遠不減分毫的熱情，其實我們也許才分離幾分鐘！

　　仔細的看著他們，這個缺一條腿，卻老愛擠最前面。那個缺兩條腿，也不落人後。原來很害羞的那個，這次也悄悄跟來了。而很淡定坐在後面那個，等下要記得拍拍他的頭⋯。

　　從來沒想過，該如何養這麼多隻狗。尤其是每個孩子進來時，不是受虐，就是生病，受傷，自閉。每隻狗都有他不同的遭遇，不同的個性。會進來北館的孩子，大都是外面輾轉求援來的。跑動物醫院，變成是家常便飯。不少是歷經九死一生，住院手術救回來的。很多孩子，送醫時，我們也不知道有沒有希望。但是給他們一個機會，常常讓人不禁讚嘆生命的奇蹟和強韌。

有些狗天生親人，有的卻似乎很兇惡會叫吠咬人；有些狗，進園就一直蜷臥著不理人。但是愛可以克服一切！狗天生感覺靈敏，知道人是不是真心對他好，每次救了一個孩子，當他開始信任跟隨你時，就是一輩子的忠誠了！

　　不知不覺的，北館的狗就愈來愈多了。流浪過的孩子，來到北館這個大家庭，我們珍惜這難得的情緣。有的受傷的孩子，要長期復健；有的體弱多病，需要調養；有的沒安全感，完全自閉，需要特別關懷，有時這個看那個不順眼，老是爭寵，需要調解糾紛。

　　從北館建立，雖然幾經風雨摧殘，但是救援一直沒有停頓。我們也不斷的調整改善，讓這裡變成毛孩子的快樂天堂。每次的救援都竭盡全力，每個生命都是獨一無二的存在，這是我們一直的努力！很感謝所有辛苦的同仁，也非常謝謝給我們鼓勵的朋友們！

張同彬

我救援流浪動物：為了尊重生命！

■ 楊懷民

其實，二十年前，我就開始收留流浪狗，也參加團隊做志工，但是我很少跟人談起，因為總覺得那是我的私事！

這兩年，觀念改變了，我捐款、救狗、到軍中、到學校、到社會團體去演講、去宣導動保，去宣導尊重生命的理念，因為我意識到，利用自己還有的一點知名度，去把正確的理念宣導出去，是身為一個藝人的責任，也讓自己40年的演藝生涯，為社會貢獻一點力量！

不知道是不是年紀大了？年輕的時候要演哭戲還會覺得困難，但是現在抱著受傷的狗狗，看到狗狗受苦，心會痛，鼻會酸，眼眶攔不住決堤的淚水⋯⋯。人老了，變脆弱了吧？

以前只是捐款，做自己狗狗的監護人，等到真正投入救援行列，才發現，照護流浪犬與家犬，是截然不同的；也才發現，生命裡的吶喊竟然有千百種！

原來狗狗也會得憂鬱症；原來狗狗除了傷口會痛，他們的心也會痛！流浪過的狗狗需要醫療，更需要用愛來滋養！

我們救回一隻一隻殘肢或瞎眼的狗狗，但是在

照顧的過程中，真正讓我們感動的，卻是他們對生命的態度，永遠是正向的，感恩的，他們可以默默忍受著身體上的痛苦，但是把癒後的歡顏，像陽光般的展露出來！

　　我在演講的時候告訴孩子們，地球不是我們獨有的，如果萬物之靈是整個大自然的主宰，那麼，我們要做的事情應該是照顧其他弱勢的生命，而不是去踐踏他們，所以，要做到尊重生命，請先把愛與關懷，遍灑在我們居住的這片土地上！

　　如果你還要問我，為什麼要救流浪狗？因為當初我們把狗狗貓貓從山林裡帶到了人類的社會，卻又不負責任的把他們遺棄在水泥叢林，又讓他們在不該繁殖的地方繁殖，這一切，到底是誰的錯？

　　老人小孩至少有福利法，那麼弱勢的流浪動物，有什麼健全的法律可以保障他們？動物們會痛、也會餓，他們比人類更有無怨無悔的情與愛！

　　我越來越意識到生活周遭的生命，我也不願讓自己將來後悔，希望有一天，「尊重生命」，這四個字在彩虹橋上散發的不再是滿佈裂痕的斑斑血跡，而是和煦溫暖的萬丈光芒！

與其詛咒黑暗，不如點亮光明。

■ 王丰

與其詛咒黑暗，不如點亮光明。

於是，一位在海外奮鬥了大半輩子的女人，拿出她的畢生積蓄和幾位結拜兄弟姊妹，蓋了一棟超級大狗屋。成立第一年至今，目前收容了超過60隻狗。每個孩子，都有著不堪回首的過去。

因為我們的愛，徹底的改變牠們的一生。

這本書，忠實的記錄其中22個家庭成員的故事。

救援流浪動物，在這鬼島，就像是打一場明知打不贏，卻又非打不可的仗。
能撐多久，我們不敢想。但是，我們願意帶頭衝！

你……，願意加入我們的行列嗎？凹嗚……。

王丰

每一次的救援都是恩寵，都是勇氣。

■ 徐雯慧

　　每一次看到北館救援的文章，總是被哥哥、姐姐溫暖的文字感動，靜默的文字，強大地撼動著人心，也激勵我們繼續往前。很感恩在護生的路途中，能和懷民哥、Vincent哥、王丰大哥和莉莉姐一起結拜，成為一家人。因為這些很特別的人，看見許多真、許多善、許多美，都轉化成我生命中的養份。

　　很多人問我，面對救不完狗狗，怎麼不厭煩？靜下心，觀想，每一隻狗狗都是你的獨生子，我相信就能明白。如果沒有任何救援行動，就不用支出醫療費用，可以減少許多工作量，還可以準時下班。但是仔細看看照片中的每一個孩子，我們都心、甘、情、願。

　　狗狗和人不同的是，他們無法自保，無法自主，無法掌握命運。而人，來這世間一遭，不是來混世的，太多悲傷的有情，需要我們一起幫忙離苦。

　　感恩善友為依，大家繼續努力！

目錄 CONTENTS

目錄 CONTENTS

爆萌小可愛

QQ魅力無法擋

宜蘭北館的新成員
—QQ！

　　他一出生，就跟著媽媽和妹妹在羅東運動公園裡相依為命，雖然也會有愛爸愛媽來餵他們，但是，天氣驟變的時候，他們只能躲在涼亭下或是花叢裡，不但要忍受著淒風苦雨的日子，而且，永遠不知道危險什麼時候到來......。

　　有一天，媽媽跟妹妹被收容所的人帶走了，說是有人要收養，只是，公園裡，就剩下這個出生才六個多月，孤苦伶仃的孩子。我們想把他帶回來，但是這個原本親人的孩子，開始怕人了。有人說，是因為媽媽不在身邊，他的世界變了......。也有人說，是因為之前有好心人想把他帶回去，卻因為鏈子勒住脖子，他嚇到了，從此對人若即若離，想親近，又不敢。

　　這次我跟莉莉姐想帶他脫離苦海，出動了四、五個人，但是這個受過驚嚇的孩子，一陣尖叫，把所有的人都咬傷了！

　　這時孩子要逃，大家撲上去抓他，草地上人叫、狗叫，以及爛泥飛舞著。

我大聲叫著：「莉莉！快！拿布把他蓋住！」
莉莉繼續尖叫：「我.....我不行.....」
「什麼不行？快點啦！」我著急地大叫著。
「你的腳在我的手上面.....」莉莉說。
「啊！」儘管我立刻收回腳。但莉莉那天的手還是瘀青了！
不怪小狗，是被一個怪叔叔踩的！

　　可憐的孩子，剛咬了人，回到北館的時候，卻因為之前緊張過度，這時候累得眼睛都睜不開，坐著.....坐著.....然後直接倒下睡著了！大家看著這個孩子，再看看自己手上的傷痕，卻都忍不住笑出聲來！

　　在北館的日子，我們給他吃；給他遮風避雨的地方，更重要的，我們給他愛！

　　因為有愛，他開始一點一滴的融入了我們；因為有愛，他開始展現了笑容；因為有愛，他變得越來越可愛，看著他一臉無辜的表情，我們決定叫他Cute Cute—QQ！

　　你們猜！QQ在北館，最先結交，最麻吉的是誰呢？想不到吧？是「幸福」！對！就是那個被人砍得很慘的孩子，她已經逐漸走向康復之路，而且超級親人！因聽獸醫說幸福應該至少生過兩胎了，也許有媽媽的味道？反正，QQ一開始是會粘著幸福，她們一起玩飛盤玩具、一起打打鬧鬧，雖然有時候打鬧得不太像話，但是對於眼前的「母子樂園」圖，我們也樂見其成呀！

　　只是呀，QQ還在長牙，本來就愛咬東西，加上乾媽「幸福」也有這個嗜好，我們的鞋鞋就更遭殃啦！幸福雖然喜歡咬鞋，但也只是刁著玩，QQ可是青出於藍啊！他二天內把我跟張醫師的拖鞋都咬斷，張醫師的拖鞋還幾乎被扯爛了哩！

　　現在QQ睡在我房裡，每天早上會從我身上走過，舔我的臉告訴我他要出去，我告訴你！臭Q！不要以為這樣我就不會跟你算拖鞋的帳，你得好好練習頭頂盤子，你要用給客人端盤子來抵我跟張醫師的拖鞋錢！哼！

QQ是小惡魔扮演的 風雨孤雛。

我偶爾也是有咬別的東西的啦！

　　四個月大的QQ出生就跟著媽媽和妹妹流浪。有一天媽媽和妹妹，被收容所捕捉了。過年後特別寒冷，宜蘭更是陰雨不停。QQ全身濕透，形單影隻，因為失去對人的信任感，更難接近。

　　好不容易把QQ帶回北館。好大一隻，真懷疑這是四個月大的幼犬嗎？沒人陪伴就淒厲吼叫，又不敢親近人，但是卻又渴望擁抱，超愛咬東西，什麼都放進嘴裡！

　　好啦！我相信你是只有四個月大的可愛小惡魔！

我們要勤儉持家
——破鞋照穿！

養狗之家無好鞋？是這樣說的嗎？

　　帶到宜蘭北館的鞋子，不論貴賤，每雙都被咬得支離破碎，我不想再花買鞋的錢了，這些鞋子照樣可穿！錢要留著救狗狗哩！

　　到北館的朋友看到我穿這雙鞋，每個人都發出會心的微笑，養過狗的人，誰沒經歷過？對吧？

也只能繼續穿了！有養狗的人一定懂！

只要是鞋子，就逃不過ＱＱ的嘴。

今天這隻鞋，
口感不錯呢！

19

石化皮膚治療 真狗實證

毛毛美膚療程 全公開

初救援

治療後

石化般的狗兒救援記！

我了解你受的苦，所以要給你更多的愛！

　　今天一早就接到網友的求救信，說楊梅公路旁有這麼一隻狗，第一眼看到原PO的那幾張照片，當場愣住了⋯⋯，多麼嚴重的皮膚病啊！這隻狗狗的外觀幾乎都要石化⋯⋯，快成化石了嗎？

　　緊急跟大城莉莉、張醫師商量，大家一致決定：「救！」我跟張醫師搶著要付醫療費用，至於最麻煩的後續照養問題，就決定由「莉丰慧民V」館來擔負啦！

感謝網友們的熱心幫忙聯繫，我們幾經溝通，決定當晚就把這隻原本應該是白毛的狗狗送往三重的愛生動物醫院，雖然是一段不近的路程，但是我記得王丰告訴過我，愛生的楊院長幫他救了十幾隻的重症狗，而我們家的托比、甜甜，也都經過楊院長的醫術拯救，我會很放心的把狗狗送往愛生！

孩子到了愛生，感覺有點緊張，但是可以讓人摸他，相信他應該非常癢，因為他一直抓，抓到有一邊的耳朵嚴重龜裂，甚至血跡斑斑......。唉！孩子！皮膚病到這種程度，要受多少苦啊？

驗血報告出來了，只有輕微貧血，四合一也過關，還好沒有心絲蟲、焦蟲之類的狀況，否則就更麻煩了！但是因為狀況太嚴重，楊院長說，毛毛應該有十歲了，根據他的經驗，有很多狗兒是驗血時沒問題，但是卻突然走掉......。大多是因為免疫系統出問題才會這麼嚴重！尤其是，這隻毛囊蟲超級嚴重的狗狗，論年紀已經算爺爺輩啦！追根究底，抵抗力差也跟長期的營養不良有關係！

大城莉莉想到，狗狗是用他的耐力，拼命的忍著痛苦......，有一天，他不想再忍，睡著了，就再也不願醒過來了......。這個感性的女人，說著、說著......，又哭了！

楊院長說情況嚴重，至少需要住院一個月！

孩子！你要加油！你一定要堅強地過這一關，等你出院，我們會帶你到「莉丰慧民V館」的宜蘭北館，我跟大城莉莉、張醫生都會在那兒，絕對不會讓你營養不良，絕對要讓你快快樂樂！

我們想著替這個孩子取個新名字，莉莉說叫他「化石」，可是我想叫他「毛毛」，因為他雖然目前沒毛，我們總要期待他將來會毛髮旺盛呀！

我還可能恢復以前的帥哥樣子嗎？

看望石化毛毛，加油打氣！

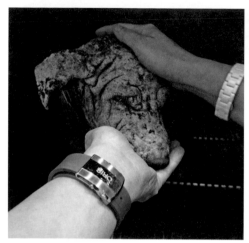

雖然不知道這裡是哪裡，先喝水再說！

毛毛可以親人地讓人摸喔！

　　剛剛結束了早上的拍照採訪，就匆忙趕往三重愛生動物醫院，探望「毛毛」！

　　一直在救援流浪狗的愛心老師Jono Lin，一早就蒸了一隻大雞腿給毛毛，還特地帶毛毛出去散步，也許是自由慣了，聽說毛毛一出門就不想回來了呢！

　　趕到了醫院，Jono陪著我進入病房，一面訴說著，毛毛其實很親人，但是會護食。唉！在外流浪多時的狗狗，如果不會護食，如何保護自己呢？也難為他了！

　　看到毛毛，我依舊忍不住心酸！整顆頭摸起來是硬梆梆的，連眼皮都發硬，所以眼睛似乎也睜不太開.......。毛毛的臉上有一些血痕，Jono說是醫生上藥的時候必須揉搓，把表面硬化的部份揉開，否則是沒辦法長毛的！唉！這揉搓的過程可能會很痛吧？但是不揉搓又該怎麼辦呢？

　　這段時間，除了每天擦藥，還要定時注射.......希望一個月後，這

毛毛一到醫院就有自己的食物籃，真是好命狗！

一口就把手上的肉乾吃掉了！

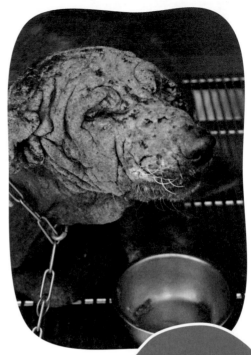

今天吃了好多美食，開心！。

孩子整個硬化的皮膚表面，能夠有所改善啊！

　　醫師告訴我們，毛毛是因為免疫力衰弱，所以造成毛囊蟲的氾濫，主要也是因為營養過度缺乏造成的！但是毛囊蟲並不會傳染，對人對動物都不會！說得更清楚一些，我們跟動物身上都有著毛囊蟲的因子，只有在自體免疫力降低或失調的時候，才會讓毛囊蟲有機會作怪.......。毛毛啊！原來你就是長久的營養失調，才會併發得這麼嚴重啊！

　　這時候，病房門口湧進好幾個愛狗的朋友，大伙兒都是聞訊趕來看毛毛的！孩子，世間還是充滿溫情的喔！

　　我們七嘴八舌的討論該給毛毛吃些什麼營養品？我是帶了由愛媽做的雞肉乾與乾燥雞肝，Jono說牛肉最補，她明天會帶牛肉來。我說：「我去買豬肝跟雞肝！」豬肝當場被眾人否決，因為有人說，豬的產品對狗狗是不好的。呵呵！毛毛呀！這麼多人關心你，你真的要好命了啦！

毛毛的皮膚跟眼睛都露出來囉！

　　經過幾天的擦藥、揉搓與注射，毛毛終於露出了粉紅色的皮膚，讓我們看到了長出毛髮的希望，開心喔！

　　今天他肯讓Juno媽咪把眼睛擦乾淨了，露出兩顆圓圓的眼睛，毛毛啊！好好重新看看這個世界吧！

　　毛毛的情況，一天比一天的好起來！雖然因為免疫系統的問題，還是有些風險，我們一起禱告祝他早日康復吧！

　　毛毛住院的期間，我們持續地不定期報導他的消息，讓大家可以一起關心他，祝福他，他是我們「莉丰慧民v館」宜蘭北館救援的第一個孩子，我們希望他能夠早日住進宜蘭北館，我跟大城莉莉、張醫師，會一起照顧我們的家人「毛毛」，「莉丰慧民v館」南、北兩館，會共同攜手，護持這些流浪的孩子們！

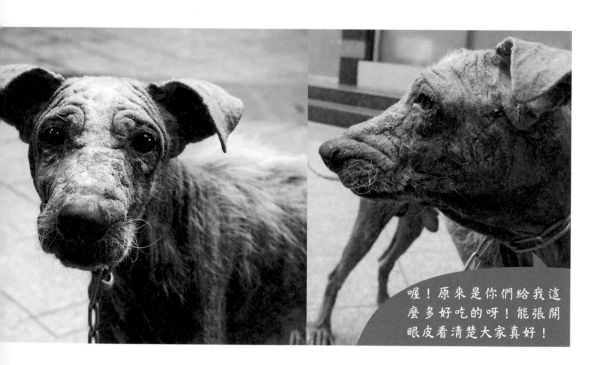

喔！原來是你們給我這麼多好吃的呀！能張開眼皮看清楚大家真好！

張醫師專程探望，鋼鍊換布繩！

張醫師，
我只是擔心換成布
繩會不夠帥啦！

毛毛的另一個救援者張醫師，專程從嘉義北上，探望他這個未謀面的孩子！

有網友看到臉書上的照片，提問說，毛毛為什麼用鋼鍊拴著，看起來很重的樣子！那是因為他剛來的時候，會咬布繩，院方怕他跑走，所以用鋼鍊！我跟張醫師商量，準備把鋼鍊換成布繩試試看！

帶毛毛出來的時候，他顯得有點緊張！張醫師一直想逗毛毛，毛毛反而有點遲疑，張醫師說：「他好像有點怕我？」我說：「正常啦！他第一次見我的時候還咬我咧！」

唉！流浪的孩子，防禦心多強，只因世道險惡，他們要學習保護自己的生存之道啊！

我跟張醫師幫毛毛換上了布繩，他還真的變想咬布繩，而且拉扯的力量更大，但是為了讓他可以更舒服些，我們就先這樣試試吧！

毛毛一出門，就尿了超級大泡尿，一路流洩向馬路.......。他自己還回頭欣賞哩！無言.......。我說：「毛毛！你會害醫院的葛格又要沖洗馬路啦！」其實，毛毛每次出門必然尿一大泡，表示他不願在籠子裡尿尿，所以一直憋著，一直等待可以解放的機會才尿！可見這個孩子，有他自己的習性啊！

尿完了，沒走幾步，毛毛又便便了，這回便便很乾淨，都沒蟲蟲了！張醫師很直覺的蹲下去處理，毛毛就在一旁瞪眼看著，還沒長毛的臉微微皺著眉.......。那個畫面變好笑的！

今天的毛毛顯得有些不合作，想要拍照都很困難，因為他不停的扭動.......。張醫師說：「明天我們再來，我會讓毛毛跟我更熟悉一些！」

結果張醫師果然收服了毛毛，你們想知道是怎麼做的嗎？

哈哈哈！你們絕對猜不著！太精采了！且待下回分解，還有圖為證喔！

張醫師用一盒冰淇淋擄獲毛毛的心！

　　跟張醫師再度去探望毛毛，好友嘉慧嚷著要一起去，她已經是第二度探視了！

　　在路上，嘉慧忽然說：「問一個問題，不可以打我喔！我們可以請毛毛吃冰淇淋嗎？」

　　我跟張醫師楞了一下，忽然覺得這是個好主意！雖然冰淇淋不算很健康，但是偶一為之，可以讓身心舒暢啊！毛毛恐怕這一輩子都沒吃過冰淇淋吧！

　　張醫師舀了一杓冰淇淋，毛毛一口咬住湯匙不放，差點把塑膠湯匙咬斷呢！好不容易抽出湯匙，毛毛又急切的想吃第二口！張醫師大笑著跟他玩拉鋸戰，但是這個傢伙，第三口他已經了解，好吃的不是湯匙，而是湯匙上的東西，他開始改咬為舔！我們三個人忍不著讚嘆，真是個聰明的小孩啊！

這世界上居然有這好吃的東西！

毛毛吃得滿鼻子滿臉的香草冰淇淋，尾巴搖擺得像極了運轉中的雷達，我們卻是看得開懷，心中帶著心酸與感動！

　　孩子啊！人世間還有很多美好事物，也充滿著愛與關懷，你的前半生沒有趕上，但是你的後半生絕不能錯過啊！

　　吃完了一整盒的冰淇淋，不騙你！毛毛變得好High啊！又蹦又跳的開始跟我們玩起來，我開始看到一個恢復童心的孩子，他大口的吃著雞肉乾，一會兒高高跳起；一會兒有如小鳥依人。張醫師摟著他，像2個快樂的小孩，雖然你可能覺得毛毛還是隻醜小鴨，但是，他的快樂已經傳染給我們！

　　雨停了！我們牽著毛毛出去散步！毛毛今天跟著散步很乖很配合，我想，他應該感受到空氣中瀰漫的溫馨了吧？

吃完冰淇淋還有肉乾喔！

毛毛終於出院囉！

快看！
我已經都長
出絨毛了！

經過47天，終於能出院了！

毛毛在愛生動物醫院住了47天，終於出院啦！

我們一行人，包括大城莉莉，張醫師，我，以及徐文良，張志榮兩位救狗英雄，帶著毛毛，托比，甜甜，乖寶四隻狗狗，率先住進了尚在興建中的「莉丰慧民V」宜蘭北館！感謝設計師黃煜，先挪出一塊地方讓我們棲身。我們一群人跟狗狗，一則要先住進來適應，同時要親自監工，希望北館快快完成！

狗狗們剛進來，都十分好奇的四處探索，毛毛真是聰明，相信他沒進過人的居處，但是他很快就發現床是好東西一直接上床了！我們在陽臺上鋪了報紙，毛毛應該從沒被人規定上廁所的地方，居然跟他說一次就懂了，屎尿都在報紙正中間，聰明的孩子啊！

毛毛！你這麼聰明的小孩，把拔一定好好教你懂規矩，成為一個人見人愛的大寶貝！

好吃的肉
乾，我搶！

我與毛毛的父子情緣。

　　因為要回台北演出，莉莉要回日本處理店務幾天，只好先把毛毛寄給宜蘭愛媽「葉子」！在送毛毛去的時候，我千叮嚀萬叮嚀，一下覺得毛毛不能跟我搗蛋了，如釋重負；一下又覺得割捨不下，矛盾異常，人似乎有點錯亂呢！

　　演出告一個段落，我急著趕回宜蘭，先去看毛毛，當時心裡想，相隔多日，這小子搞不好不想理我了！

　　一進屋子，毛毛跟我對看，葉子解開鏈子，毛毛不是跑出門，是直接衝到我身上，他又跳又叫，或者應該說是用哼哼的，他興奮得簡直不知道該怎麼辦了。他舔我、一頭鑽進我的懷裡，揉過來揉過去的撒嬌。他哼哼哼地啃著我的兩隻手，不是咬，是用啃的，是用顫抖的上下顎輕輕啃著。我們兩個真的是抱過來親過去的，葉子在旁邊說：「你們也太誇張了吧？是幾個月沒見嗎？」（其實只有6天啦！）

　　當時的我開心到不行，笑到合不攏嘴。寶貝蛋呀！你記得把拔啦！因為要先趕回北館處理事情，我只能忍痛離開！出了門，不知怎的，一陣心酸，眼淚掉下來了！

　　我應該高興他因為想我而興奮的，可是我卻又忍不住自己的眼淚。臭小孩！把拔這幾天也好想你，你知道嗎？以後你就跟在我身邊，就是我的孩子，把拔不會捨得讓別人領養你。

　　毛毛你這個臭小子、野孩子、色胚子、賊狗子⋯⋯，臭小子、臭小子、臭小子，把拔好愛你！

把拔給毛毛的一封信

　　不管在什麼地方，我只要一聲：「毛」！就會看到你那一雙飛毛腿直奔而來，在我懷裡又咬又鑽，不管我叫的是阿毛、笨毛、臭毛……。你的熱情永遠不減！

　　你是我們在宜蘭北館救援的第一隻狗，是讓我們大家又愛又恨，又疼又不捨的臭小子！你也在我們身上創造了最多的傷口，我雙手的傷都是你咬的，到現在痕跡還在，但是，抱著你，我卻又打從心裡疼你，好矛盾喔！呵呵！

　　你雖然不容易信任人，我相信，以當初全身皮膚病的可怕外型，加上令人噁心的臭味，一定受了太多苦與虐，所以，我從來沒有怪過你咬我！將心比心，我對你只有心疼！

　　你這麼聰明絕頂，學什麼都快，還會察言觀色、但是又敏感多疑，心情不好的時候，咬人快如閃電，心情好的時候，撒嬌第一名！

　　宜蘭北館的員工都疼你，但是也怕你，因為你像一顆不定時炸彈，不知什麼時候會發作！所以，雖然很多來賓想見你，我們卻總是小心翼翼，不敢讓你直接面對客人，因為，不知道毛大爺您今天的心情好不好呀！

　　只有我跟張醫師不怕，只有我們敢幫你洗澡擦腳、擦藥、換藥。雖然你身上已經不再有體味，毛囊蟲也治好，但是，不長毛的地方，一直長不起來，我們試過吃藥、打針、各式保養品、魚油、甚至噴洒皮膚幹細胞。醫生說：「只怕毛囊受損，不會再長毛了！」

　　毛毛！即使你就是這個怪樣子，把拔一樣愛你！只是，你可不可以情緒穩一點，不要再對客人疵牙，這樣把拔很難做人耶！

　　今天下午坐在你的房間，看書陪著，你像一隻溫馴的小綿羊，極盡撒嬌之能事，看著你那雙會說話的眼睛，誰能不融化？

把拔,楊懷民2015.09.02

毛毛的幸福大哉問
——流浪犬可以訓練嗎？

　　很多人認為，領養狗一定要從幼犬養起，因為成犬會很難訓練，尤其是流浪狗，更不容易受教。但是你們看看，毛毛這麼野的孩子，這麼老的腦子，一樣可以學規矩喔！

　　毛毛來到宜蘭北館，只要眼前出現食物，他直接上前，吃光再說，誰擋路他吼誰！所以，餵食的時候毛毛必須隔開，否則必然雞飛狗跳，亂成一團！但是，自從托比的情緒出問題後，我改變方式，不管餵食正餐或零食，一律托比第一個，甜甜第二個，毛毛第三個——照入門的先後順序來！

　　毛毛從開始的爭搶，到逐漸了解他是排在第三順位的！狗班長說得對，教育狗狗，一定要先建立個人內在的意識與威嚴，光憑口頭喝斥是不夠的！誰說成犬不能訓練？誰說老犬無法聽令？托比來我家時1歲多；甜甜來時3歲多；毛毛來時10歲。每個孩子都可以教，每個都可以懂規矩；每個都會惜福惜情，每個都可以成為你的寶貝！

　　請不要再有那樣的迷思，認為領養狗狗一定要從幼犬養起才會聽話！你領養成犬，會更直接清楚他的長相、會更容易了解他的個性，而他，因為流浪受過苦，分得出好歹，懂得要珍惜，哪一點不好呢？

　　我不是說領養幼犬不好，但是，領養成犬可以有更多的選擇，我不就是個明擺的例子嗎？

十歲的毛毛還是可以訓練喔！

大家乖乖等開飯

英挺帥氣又憨直

狗界暖男 秋田犬哈吉

我是哈吉，
雪白版的小巴！

■楊懷民

2015 10 22

秋田「哈吉」
── 北館救援新夥伴！

　　他是一隻餓到瀕臨死亡邊緣的秋田狗，被一群純真的學生救了，輾轉被我們接到宜蘭北館，成為我們的一份子，因為當年看日片「八公物語」（忠犬小八的日片原版）受的影響，我們決定取名「哈吉」（日語發音，「小八」或是「吉」的意思）。

　　一群宜蘭耕莘健康管理專科學校的學生，在宿舍附近發現一隻餓得幾近昏迷的大白狗，他們不知道如何援救，只能試著先給他喝一點水，狗兒居然逐漸醒了，他們趕緊餵了一點食物，狗兒慢慢可以站了。學生們開始餵他，狗兒竟然知道每天早上八點多跟下午二點多到學生宿舍門口來等餵食，於是乎，他開始跟這幾個學生建立了交情！

　　但是學校連放幾天假，學生們要回家，沒人能餵他了，這麼大一隻狗，也帶不回家，怎麼辦？這群孩子們急了，開始在網路上求救！

流浪的日子好辛苦！

每天準時　來等開飯

終於有食物了！

剛好張醫師看到了，跟我和莉莉說，這隻狗就在宜蘭，北館應該要出面救援啊！張醫師跟學生們連絡上，我們直接跑了一趟耕莘學院，發現距離還真遠！

但是當時學生在上課，我們前前後後沒找到狗兒，張醫師繼續跟學生們聯絡，覺得學生們真的關心這隻狗，我們感動於純真的孩子們對一隻流浪狗的真情，決定收留了！學生們聽說有人出手救援，大家還特地幫狗狗洗了澡，慎重其事的把狗兒帶出來，真是用心良苦啊！

這隻秋田進了北館，成了館裡個子最大的毛孩，學生們一一跟狗兒道別，一個叫璞玉的女孩，抱著大狗忍不住紅了眼眶，因為她真的跟狗兒建立了深厚的感情啊！狗兒洗過澡，看得出是隻秋田，而且年紀很輕，最多週歲！

他開始有點怕生，為了跟他培養感情，我們把他帶進了房間，這一下，不但讓我跟張醫師、莉莉同時淪陷，都愛上這隻憨厚的秋田，最有意思的是，毛毛竟然跟哈吉變成了超級麻吉的難兄難弟，兩個好到不行，真是令人意想不到啊！

是個親人的孩子

同學們，
謝謝你們！哈吉
不會忘記的！

哈吉跟毛毛
難兄難弟超麻吉！

　　哈吉到北館的第一天有點怕生，我們想摸他還會躲閃，為了讓他適應環境，我們把他帶進了房間，原本在房間的三個小孩托比、甜甜、毛毛，一字排開趴在床上，看著這個外星來的白色大毛孩！

　　兩個小時以後，哈吉逐漸接受我們了！但是好玩的是，活潑的毛毛大概看出了哈吉個子雖然是他的兩倍，卻是個傻大個，於是開始主動的去逗哈吉，嘿！兩個小子就這樣在房間裡打鬧起來。哈吉也就逐漸的消除了對環境的陌生感了！

　　更好笑的是，哈吉跟毛毛鬧完了之後，毛毛出去上廁所，哈吉大概認為大家都可以這樣玩，就用腳去勾托比，意思說：「我們來打鬧一下吧！」結果引來托比一陣怒吼，唉喲！傻小子！你不知道托比姐姐是很嚴肅的嗎？哈吉受挫一次還不死心，又去勾甜甜，再度換來一陣怒吼！喂！甜甜姐姐才不隨便跟男生玩咧！

　　最後，哈吉終於認定，只有毛毛是可以打鬧玩耍的對象！從這天開始，哈吉始終跟著毛毛，兩個小子沒事就打鬧，打累了休息一下，繼續玩！

　　在哈吉來北館之前，毛毛是腿最長的孩子，大家都說他跑起來像一匹小馬！結果哈吉一出現，大家發現，他才是真正的長腿弟弟，哥哥毛毛，只能算一般，至於原本算正常的托比、甜甜，就變成矮冬瓜

哥倆的感情，真的是每天打出來的。

了啦！唉喲！托比不准生氣喔！

　　哈吉雖然個子大，但是年紀最多一歲，很多地方表現得非常純真，像個大孩子！他一進我們房間，就四處探索，聞到哥哥姐姐們在陽台便尿的地方，就認準了，直接給他尿下去！90％都不會失誤，只是偶而會抬腿尿在壁角，這就要挨罵啦！

　　但是咧，這些狗狗們因為還沒有園地可以跑(後園還在培養植物)，只要一出房間下樓到大廳，就到處解放佔地盤，光是清這些，就可以把我們累翻了！哈吉一沱屎，有甜甜的四倍大呀！所以，每天大清早跟傍晚，帶所有的狗狗出去大小便，是我們的重責大任，否則，後果慘烈！

　　哈吉成天跟著毛毛，有好有壞，好處是，毛毛活潑親人，哈吉也跟著親人活潑，只是啊，毛毛一跟人親近，就喜歡在人身上咬咬咬，越愛你越咬，雖然是輕咬，咬多了也會痛啊！

　　哈吉原本不會這套，現在跟毛毛學著，對人親善也喜歡咬咬咬。他咬人算有分寸，只是輕咬，但是有一天出去，毛毛被扣著牽繩，哈吉上前，兩口就把牽繩咬斷了，大家才知道，秋田真咬起來可不是普通的厲害喔！

　　哈吉因為年輕，雖然流浪過，仍然不失憨厚純真的本性，毛毛聰明，江湖跑過，哈吉完全把毛毛當老大，兩個打鬧，哈吉也總是低姿勢對毛毛，反正，一切以老大馬首是瞻啦！

　　那天，好友秋琴夫婦牽著她們的兩隻邊境牧羊犬來訪，哈吉一出去，竟然直接攻擊大隻的邊境，毛毛也去攻擊小隻的邊境，把所有的人嚇壞了！

　　不知道哈吉是因為不喜歡邊境，還是受了毛毛的唆使呢？存疑！

　　但是第二天，他們兩個同時想要攻擊小洛跟從香肉店救出的久一，被莉莉姐發現，當場喝止！當時覺得此風不可長，於是，毛毛跟哈吉被關進籠子，讓他們每天面對其他的同伴，教他們要怎麼樣和平相處。

　　哈吉真是傻大個，進了籠子還傻呼呼的；毛毛進籠子就很不情願，給他的零食都落在地上，做無聲的抗議！毛毛！你是在懺悔還是不服呢？

被關籠的兩兄弟，哈吉傻呼呼，毛毛無聲抗議中！

毛毛、哈吉哥倆好！

宜蘭北館的後園，終於開放給狗狗們去奔馳了！

其實，根據園藝專家的說法，園裡的草地，還需要1個月的時間，讓草皮把根紮穩！但是看著毛孩子們每天渴望出去的眼神，我們決定心一橫，就開放了吧！所有的狗狗都像是脫韁的野馬，快樂的奔跑！我們目前的狗狗還不算多，但是每隻都是我們的寶貝啊！

毛毛是最先進入北館的一批，大隻秋田哈吉是後進，但是這兩個也不知怎地看對了眼，每天形影不離；打鬧不停，「麻吉」得不得了！

11月13～16號是寵物展，毛毛因為參展，在台北我家住了四天，哈吉連著四天看不到毛毛，每天焦躁不安，不斷狂吼，竟然引發了腸炎，送醫急救！誰說動物沒有靈魂？沒有感覺？他們有情，超過了太多無情的人類啊！

毛毛跟哈吉每天咬來咬去，哈吉的體型是毛毛的2倍，但是經常趴在地上臣服，有時候毛毛實在打不過了還會生氣，哈吉會自動伏下身來讓毛毛騎在他頭上。獸醫說毛毛有10歲了，哈吉才週歲左右，怎麼都有著用不完的體力？其實啊，兩個打著打著，毛毛比較容易累，嘿嘿！老傢伙，服老吧！

哈吉雖然年輕，但是個性憨直，根本就把毛毛當做老大看待，一有機會，會先去找老大報到，看著他們兩個在園裡打鬧的畫面，你會跟我一樣，發出會心的微笑！

從街頭來到北館，結成好友的兩兄弟。

　　從5月3號救援毛毛到現在，已經將近六個月了！這段時間，他不只是外型改變，心性也起了很大的變化！

　　從開始的緊張莫名、動不動就咬人；到現在親人、親狗、愛撒嬌、會看家。他聰明絕頂，會察言觀色；挨了罵會心情沮喪；放他外出，遠遠一叫，他會飛奔而回，把頭埋在我的懷裡。雖然，他的毛至今沒有長全(醫生說可能毛囊受傷過重，需要更長的時間)，雖然他的體味也還是很重，但是，他依舊上我的床，因為他已經是我心中的一個寶啦！

　　而哈吉，在北館漸漸習慣了，也成為一個親人的小孩，不但親人，對大狗、小狗，都能玩在一起。但是誰要主動吼他，這傻大個可就直接動怒啦！至今為止，他最特殊的紀錄，就是屢次見到邊境牧羊犬就怒吼衝前，不知道原因！

　　毛毛跟哈吉這一老一少，不但交情日深，更是互相學習。哈吉學著毛毛用咬人表示親善，天哪！哈吉，你一張嘴，兩口就能咬斷牽繩的牙齒，居然也學這一招，想嚇死你爹呀？

　　而毛毛呢，雖然是男生，一直以來都是蹲著尿尿，自從遇到抬腿尿尿的哈吉，現在這兩個傢伙，沒事就抬腿做記號.......，冰箱、牆角，都有他們的尿記號！有時候氣起來，真的很想把他們的小雞雞都綁起來！憋死你們！

哥倆好！跑！跑！跑！

哥倆好就是怎麼咬都不會生氣啦！

這算什麼姿勢啊？

是怎樣啊？現在是流行兩兩對啃嗎？

叫我毛老大！快點！

我咬！我咬！我咬咬咬！

打累了！休息一下吧！

咦？外面好像又有人來了……

奇怪耶！
最近每天
都有很多
不認識
的人來……

沒什麼好看！
哈吉！
走了啦！

我們的寶貝 ── 秋田「哈吉」，要送養了！

　　李察基爾（Richard Gere）主演的「忠犬小八」，是從日片「八公物語」改編的！看過日片，看到片中秋田「哈吉」的忠，相信你會愛死秋田！所以，這隻白色的秋田，當初一救到北館，就成了我們的寶貝！

　　初到北館的時候，哈吉像個發育不良的大個子（醫生說還不足週歲），但是生性憨厚，又極度親人，去年杜鵑颱風把北館吹垮，哈吉剛到館中不久，就跟著我們去朋友家避風雨，整晚不吵不鬧，穩定如常，好讓人疼愛啊！

　　幾個月下來，我們跟哈吉的感情極好，但是隨著他的成長，發生了一個現象──哈吉開始有地盤觀念了！他不能容忍另一隻大型狗在他的身邊，甚至其他不熟的狗，他也不一定能接受，他會咬自己不喜歡的狗狗！

　　有經驗的專家告訴我們，這是秋田的天性，在狗群中要爭霸權，大概過了五歲以後，就會慢慢平和了......。在這之前，我們可以試著把哈吉的嘴套起來，或是關起來，可是我們不忍心啊！我捨不得讓他過著不自由的生活。

　　掙扎了好幾個晚上，我終於下了決心──幫我們的漂亮寶貝找一個愛他的主人，讓他可以去過沒有其他狗狗干擾，又可以跟主人相親相愛的生活；讓他有一個真正屬於自己溫暖的家！

楊把拔的真情告白
2016.10.22

今天幫哈吉洗了一個澡，帶她在夕陽下漫步，雪白的哈吉，在夕陽下閃閃發光，我抱著他，他憨憨地笑著，我心裡萬般不捨，但是我們了解你不喜歡太多狗狗的環境，所以想幫你找一個愛你、疼你的主人，讓你有一個溫暖的家庭，我們都好愛好愛你啊！要幫哈吉找一個真正的家，哈吉！我們要你幸福！

後記：哈吉已經找到了真正的家，由北部許翔富先生認養，
　　　過得非常幸福快樂。

最堅強的女孩×上百人的集氣
命中注定要幸福

大家覺得我穿粉
紅色好看？還是
黃色好看呢？

人間處處有溫情——
血染的「幸福」。

　　她被取名叫「幸福」，因為有上百的學生與愛媽為她付出愛心，為她集氣加油！只因為這可憐的孩子，被人砍得渾身是血，刀刀深可見骨，多少愛狗人士，拼命的把她從鬼門關前拉回來。

　　第一次看到這孩子，是在羅東湖光醫院的休養室裡，她渾身佈滿了像拉鍊一樣的縫線，像是一條條巨大的蜈蚣，加上左眼突出，因為青光眼而失明。我覺得心好酸，只能把手伸進籠子，試著想安慰她，但是她下一個動作，卻讓我當場眼眶發熱，眼淚幾乎奪眶而出，因為她主動用前腳搭上了我的手！

　　我輕輕握著她的手，含著淚、帶著笑跟她說：「趕快好起來，帶妳回北館的家，以後妳就是我的孩子，我不會再讓人傷害妳，絕不會！」

　　感謝蘭陽技術學院的林巧雯和一群同學們，她們第一個發現了渾身帶血的「幸福」，但是一轉眼就失去了傷狗的蹤跡。巧雯急忙上網求救，宜蘭的愛媽們都紛紛出動，也許狗兒受傷，更要隱藏自己，愛媽們都一無所獲！只有愛狗的林儷璇，就是不肯放棄！終於，在第二

剛被發現時的幸福，傷口不斷流出鮮血，讓人不忍。

天，她循著血跡，找到了躲在車下，奄奄一息的狗兒，只是體重太重了，又怕傷到孩子，她急忙通知學生們，一起把狗狗搬到了動物醫院急救。當時坐鎮在宜蘭北館的大城莉莉，也直接衝到醫院關懷這個傷勢沉重的受虐兒！

因為當時狗狗皮開肉綻，已經接近昏迷，有的醫院不敢收，有的醫院要求先付高價，大家七嘴八舌地討論是否送往台北？

但是莉莉姊卻擔心狗狗的傷勢已經不能承受宜蘭-台北的顛簸之苦……，正在此時，狗友鼎碩告知，湖光醫院林院長正在往宜蘭路上，於是，狗兒再度被送往冬山湖光醫院！

這手術一動就是四、五個小時，原來以為傷勢過重、存活無望的孩子，竟然發現她沒有傷及動脈，就在林院長的妙手與大家的加油打氣下，奇蹟似的活下來了！

謝謝網路上一百多位愛狗狗的學生與愛媽們的關注，以及熱心捐款給「幸福」做醫療基金的朋友們，感謝大家的愛灑人間，這個你們取名為「幸福」的孩子，才真正留下了這條小命，有機會去感受她未來的幸福啊！

等這個孩子出院，她就正式會成為「莉丰慧民v館」宜蘭北館的一份子，她的未來，不會再受到傷害；不會再遭到遺棄，我會努力幫她找到真正愛她的家人！幸福加油！

被人砍傷的幸福，歷經 5 個小時的縫合，才從鬼門關前撿回一命！

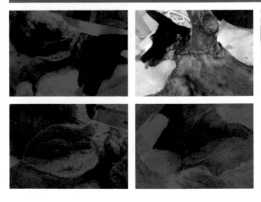
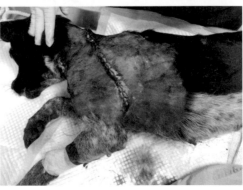

「幸福」來到了宜蘭北館！

「幸福」是個生命力超強的孩子！

原先被砍得遍體鱗傷，連毛帶肉一片片被撕裂開來，所有的人幾乎都認為她存活的機率微乎其微，卻靠一百多人為她的集氣加油；還有她不向生命妥協的意志，她終於挺住，活下來了！

「幸福」的一隻眼睛特別大，向外突出，張醫師是眼科專家，他說，這是青光眼造成，已經失明，而且眼壓過高應該有一段時日了！林院長原本準備幫她摘除眼球，但是跟張醫師討論之後，認為只要眼壓保持不會過度波動，不致造成「幸福」的不適，我們就先不要讓她受這一刀之苦吧！

「幸福」的腋下還持續會有黏液，這是醫師特別留下的開口，作為引流之用！她在春節前受傷，年後可能還需要再動一次手術！徵得醫師同意，我們先把「幸福」帶回北館休養，看著她滿身像蜈蚣一樣的縫線；還有那隻失明的眼睛，我們都會感到心疼與憐惜！

但是，這是個多麼光明正向的孩子啊！她依舊向人伸出友誼的

大家好，
我是幸福。

我喜歡
新家！

手；她依舊在我懷裡親暱撒嬌；她每餐努力狼吞虎嚥的吃完二大碗雞絲飼料，外帶 1 瓶雞精。如果是你、我，這樣的傷勢會讓我們失意喪志吧？但是，她依舊努力做一個絕不妥協的生命鬥士啊！

為了怕「幸福」去抓自己的傷口，我們試著給她戴上喇叭頭套，但是她會很不安的蠕動，還會哀嚎，又擔心她會磨傷自己的縫線傷口。最後，醫師想出了把她後腳鬆鬆綁住的方式，讓她能夠走路、排泄，但是無法抬起後腳撓抓傷口，這孩子也很配合，這就安分了！

但是「幸福」很有潔癖，絕不在自己籠子裡大小便，時間一到——包括早上 5 點，她也會在籠子裡高聲唱歌，逼得我跟莉莉姐、張醫師必須要輪流帶她出去尿尿便便。她也非常的合作，排泄完了，就很心甘情願的回籠子。幾天下來，她已經很自然的成為我們北館的一份子了！

看到這個孩子的人，都會心疼地摟著她說：「妳是我的『幸福寶貝』啊！」

感謝所有對「幸福」付出關注與打氣的人，因為有你們，我們有信心，幸福的狀況會越來越好，下一次的手術也一定會成功順利！

一定要ㄋㄞ一下！

最喜歡跟把拔去散步了！

為了給她幸福，所以叫她「幸福」。

2016年1月31日，「幸福」從醫院轉到宜蘭北館，跟著我們一起圍爐過年，從羊年跨到猴年，「幸福」的傷勢，奇蹟似的好轉中。如今，已經成為我們之中的一分子。

遭遇了這麼強烈的震撼；承受了這麼嚴重的傷勢，我們也會擔心「幸福」在心理上是否能承受？

她剛來的那幾天，剛好碰到低溫，她因為動手術身上的毛被剃了，竟然會冷得發抖，感謝好友幸樺特地去買了背心棉襖童裝讓她禦寒，但是因為「幸福」的腋下傷口並未縫合（為了導出身上的體液），背心還不夠保護傷口。職工陳姐會做衣服，當場為「幸福」量身打造了一件毯子裝，小燈籠半袖，誇張的高領，但是把她所有的傷口都蓋住了！

當我們把衣服為她穿上，看她似乎沒有去抓傷口，我就大膽把她

只有我有新衣呢！

看幸福的模樣，似乎擺脫了受傷的心理陰影了。

後腳的防護繩子解了，天啊！已經勒出了二道血痕，好心疼啊！我輕輕地抱著她，她主動地把前腳搭在我的胸前，說實在的，當時真的感覺她呈現出一種溫暖而平靜的氣息，2隻眼睛看著我，雖然我知道她左眼已經失明，一大一小也不協調，但是那種柔和，會讓人心醉！

第二天開始，我們放「幸福」自由行動，她也爭氣，不再抓她的傷口，會出去大小便，然後自己回籠子躺著，看到我過來，會主動立起來抱著我，為了怕她傷口裂開，我必須蹲下來摟著她，她個子不小，但是會像一個小女孩一樣的依偎在我的懷裡......。

看著「幸福」穿著她的高領新衣的模樣，似乎，她已經逐漸從受傷的陰影裡站起來了！

除夕那天開始出太陽，狗狗們都愛躺在平台上做日光浴，「幸福」穿著她的高領新衣站在狗群中，還真像是個土皇后哩！

連出了兩天太陽，毯子裝太熱了，陳姐又幫「幸福」做了一件棉料粉紅色的高領裝，再加上可愛的燈籠半袖，那模樣真的令人絕倒，配上她那顆黑黑憨憨的腦袋，真的很像「非洲皇后」喔！哈哈哈！

今天早上起床下樓，我的鞋子少了一隻，正尋找間，莉莉姐笑著提了一隻鞋來給我，笑著說：「這是在幸福的籠子裡找到的！」

我檢查了一下，沒咬壞呀？

莉莉姐說：「她沒咬啦！只是叼回籠子，大概裡面有把拔的味道吧！」

呵！現在叫我把拔的小孩越來越多了喔！

冬天的陽光超舒服。

「幸福」咬了我四隻鞋！

　　很多年沒有被小狗咬鞋子的經驗了，因為這十多年來養的都是流浪成犬！但是這個星期來，幸福每天晚上咬走我一隻鞋子，這又是不同的故事啦。

　　很多救狗的愛媽，甚至獸醫都勸過我們說，你們要掌握好分寸，不要對每隻救援來的狗都投入太多的感情，以後狗狗送出去會很辛苦！

　　我覺得我們已經開始面臨這個問題，每隻狗狗進來，我們都當做家犬一樣的呵護倍至，每隻都捨不得讓他離開我們，上星期莉莉姐忍不住跟我說，我們是不是該檢討了？哈哈！

　　幸福來到北館以後，因為她受了那麼嚴重的傷害，大家都很心疼，也都對她呵護有加，我們把她放在北館大廳，讓她自由進出籠子，讓她加倍吃得飽、吃得好；尤其是我，更是不時把她摟在懷裡，跟她說話，希望她能夠得到更多的溫暖。

　　幸福是個親人的孩子，雖然偶而會「掠食」桌上的食物，但是大體來說，她是個守分際的孩子！她不會製造我們的困擾，她不搗蛋，只要讓她出去過了，也不會在家裡便尿。有客人來了，她跟人玩握手的遊戲，一直樂此不疲，所以更得人疼！

　　過年後，她又去湖光醫院接受了第二度的縫合手術，腋下有了一

是鞋鞋自己跑來的！

我數一下有幾隻好了。

排新的縫合傷口，加上同時也結紮了，所以湖光的醫師一再叮囑──盡量關籠，不要讓她劇烈運動！

然而麻煩的是，這位女士已經開始不能忍受夜裡獨自待在樓下的寂寞！她極力爭取要跟我們一起上樓，但是為了顧及她的傷，我們堅持不讓她上樓，只是聽她在籠子裡悲悽的哀號，我終於又起了婦人之仁，讓她從籠子裡出來，在大廳裡走動，但是不准上樓！

白天我們都在大廳活動的時候還好，她可以安安靜靜的躺著！但是如果看到我摸別的狗狗，她一定要來參一腳，一定要來撒撒嬌！問題是晚上我們都各自回房以後，她開始一聲聲像棄嬰一樣的哭訴，彷彿怪我們把她遺棄在大廳裡！

所以，每天晚上10點以後我都帶她出去上廁所，然後再上樓！有一天早上下樓，莉莉姐著跟我說：「早上我發現你的1雙鞋怎麼少了一隻，你猜在哪裡？」

「哪裡？」我問。

「幸福的籠子裡！ 我幫你拿出來了！」莉莉笑著說。

第二天早上，我的一隻鞋又出現在幸福的籠子裡！幸福只是讓鞋子在她身邊，完全沒有咬壞！

一隻鞋子的故事連續了三天，第四天早上，大家笑到肚子痛，因為籠子裡有我四隻鞋子，幸福還不讓別人拿走，大家樂得讓我自己去處理。

我在想，我是不是今天就乾脆把我全部的鞋子都直接放進籠子，幸福就可以安心養傷了呢？

鞋子一起睡最棒！

幸福！我的
鞋呢！？

甜甜與幸福的「鱷魚趴」。

正面一起趴。

好朋友就是要一起開趴！

一轉眼，當初雙目失明的甜甜跟著我，已經1年10個月了，現在雖然只能看到模糊的形影，但是生活已經完全改變了！現在的甜小姐呀，會撒嬌、會生氣、有主見......，但是，比以前更黏把拔，也融入了宜蘭北館的生活啦！

甜甜有著柴犬的特性，趴著的時候，四肢伸展，張醫師常笑著說：「像一隻鱷魚！」

所以我們常常戲稱「甜甜的鱷魚趴。」

自從「幸福」來到北館，從當初的怯生生；到黏著我跟進跟出；到半夜裡咬我4隻鞋......現在竟然還會把頭埋在我懷裡磨蹭，簡直是一個粗壯的「撒嬌妹」，想不到吧？哈哈！

好笑的是，甜甜跟幸福，這兩個完全不同型、不同個性的女生，竟然有著相同的動作──鱷魚趴！

看看照片吧！她們兩個不但有著同樣的鱷魚趴，甚至連側睡的姿勢都很相似，這真是......，不是一家人，不進一家門啊！

謝謝甜甜跟我一起開趴。

換個方向繼續趴。

2016 10 15 　■楊懷民

QQ、幸福、毛毛，自成一家人！

　　QQ六個月的時候，失去了母親跟妹妹，成了名符其實的孤兒！

　　雖然他到了北館，逐漸恢復了他調皮的本性，但是在他心底，似乎仍然存在著一種對母愛的渴望，也許，那是一種從小就根植在他心中不可磨滅的印象吧！漸漸地，QQ在北館選定了一個對象——幸福！也許因為幸福生過2胎，散發出母性吧，QQ很自然地把幸福當成第二個媽媽！

　　只不過，這對母子相處的方式，不是一般的母慈子孝，而是一見面就打鬧成一團，整天下來，似乎有無窮的精力，打鬧到我們看著都累了，他們還意猶未盡！這樣也好，QQ沒有餘力再去咬我的鞋子啦！

　　有一天，QQ連續在大廳尿尿好幾次，屢勸不聽，為了處罰他，把他關到後面南方松圍欄的小屋，沒想到這小子一路狂吠，吠得群狗都煩了⋯⋯，最後，我們想到一個辦法──把幸福放進圍欄，哈！立刻見效，QQ安靜了！

　　只是，幸福因此遭到無妄之災！因為QQ每次因為過皮，被請進圍欄的時候，都需要幸福作陪，才能讓我們耳根清靜！抱歉啦，幸福，請把妳的小孩管好啦！

一起玩水、一起曬太陽，超開心！

剛好這段時間，毛毛因為情緒偶而會不穩定，我覺得需要給他多一點關愛，於是又把他帶進房間！

毛毛這次回到房間，異常珍惜這樣的機會，表現得可圈可點！更有趣的是，房間裡還有2隻小狗，平平與黑妞，他們喜歡找大狗開心，然而卻不是每隻大狗都能忍受它們，像幸福這樣的媽媽，可以接受QQ，卻不接受這二隻小狗.....。毛毛來了之後，這兩隻小狗，天天依偎著他睡覺，毛毛甘之如飴，像一個盡職的爸爸，你能想像，一隻跟其他狗狗相拚時毫不留情的公狗，也會有這樣柔情的一面？

QQ這個孩子，應該已經超過八個多月了，居然也去依偎在毛毛身邊，讓我看到一幅令人感動的的畫面！QQ是個很特殊的例子，他需要媽媽，也想要爸爸！他在房間裡，開始一直緊靠著毛毛，不斷的釋出善意！

有一天，我看到毛毛坐在床上，QQ不斷的去磨蹭他，去舔毛毛，毛毛斜眼看了QQ一眼，然後低頭回舔了QQ一下，似乎在說：「好啦！小子！知道你的心意啦！」QQ！你.....，是準備認乾爹嗎？QQ開始模仿毛毛的動作！毛毛喜歡用咬咬，代表對人的親善，慘了！QQ也學了這一招！毛毛喜歡在壁腳抬腿尿尿，QQ把這招學得淋漓盡致！

有一天，吃飯的時候，毛毛剩了半碗，任何一隻狗走過去他都怒吼，QQ走過去，把整個半碗一掃而空，毛毛只是站在一邊靜靜看著.....！立場表達得非常明顯，彷彿聽見毛毛對QQ說：「孩子！你是我失蹤多年的兒子嗎？」

QQ啊！恭喜你在北館重新找到你的爸爸媽媽囉！但是，麻煩的是，你學到的都是你爸爸媽媽流浪時養成的壞習慣，你讓我們很頭痛，你知道嗎？

來人哪！有誰把這小子帶回去修理修理？

一直玩，一直玩，一直玩！

把拔，我們來親親！

一眼就愛上你

對莉莉姊
忠心不二的阿彌

曾經受虐的孩子，今日展現了燦爛的笑顏。

一生愛心栽植，
一世善緣降臨。

　　2013年發生台中的養虐狗事件，二位認養人借用其它朋友與其他認養人的身份，共領養了七隻流浪狗，全安置於自己住處。他們以捧打，用榔頭拔光牙，置水盆強壓溺斃等方式，共虐死三隻狗，鄰居聽到狗狗慘叫聲，向台中市動物保護防疫處檢舉，才發現二人虐狗。還

大城莉莉已經是阿彌心中唯一的主人。

有四隻受傷的狗狗，則由志工救援。

　　當時救出四隻狗狗，阿彌是其中一隻被飼主折斷腿，並且眼睛被打爆的狗，由於牠受到極為殘虐的對待，所以無法走出陰影，見人就咬，一直叫、一直抗議，始終對人存有高度戒心。

　　本來我們是要去接另一隻狗，但志工詢問可否把原來的狗留下，把機會讓給身心受創更需要被照顧的阿彌，於是我們就帶著阿彌回來了。曾經被鋤頭打過的阿彌，連聽到吸塵器的聲音都怕，所以跟人保

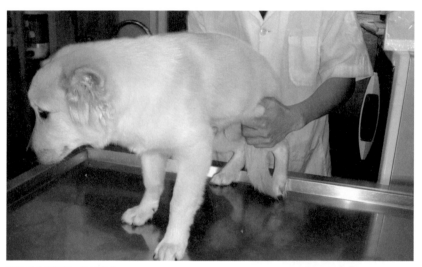

還是幼犬的阿彌，已經受虐。

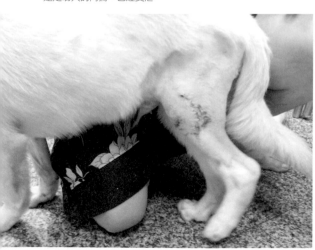

阿彌後腳已經造成久永性的傷害。

*感謝愛媽林淑卿提供圖片。

持著安全距離，唯獨像是和我有緣般，不咬我。

　　當天我接了三隻狗回南館，分別取名為「阿彌」、「佛陀」、「善哉」，我全心全意地陪了這三隻毛孩子五天，不過也被他們折騰了五天。除了隨地便溺，亂咬家具之外，我每天都被搞得精疲力竭。但是，我沒有放棄，慢慢的教導他們規矩，希望能夠再得到這可憐的受虐狗狗對人類的信任。

　　之前，我常回日本，或許阿彌和我產生了不一樣的情感，每次回到台灣，阿彌一看到我就是小孩看到媽媽回家，興高采烈地邊跑邊叫分享看到媽媽的開心，更會一股腦兒的撲到我身上撒嬌；所以那時候我回到南館，也會大喊阿彌，呼應牠對我的信賴感及安心感。打針的時候，也只有我抱得動牠。在南館的時候，更曾因為我經常和徐園長及徐文良外出救援，如果將阿彌放在館中，並未帶他去出勤務而讓他不滿。當我們回來，阿彌就會往我身上猛撞，藉此表達牠的抗議。

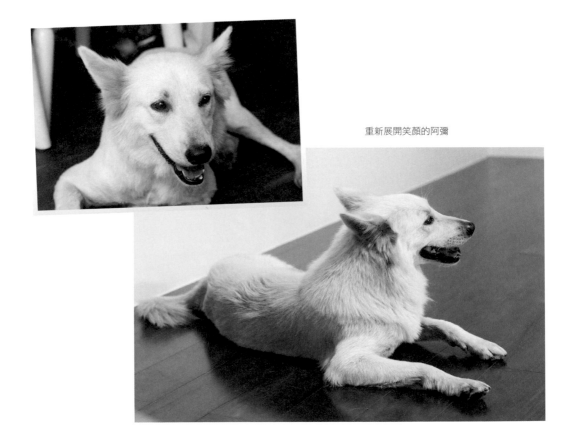

重新展開笑顏的阿彌

64

大城莉莉心情筆記

有愛真美，這一世情有你們真好。

　　「阿彌」自幼嚴重受虐，後左腿遭惡質認養人重摔斷而萎縮，剛接至會館時，因為受殘虐的陰霾，一直對人懷有戒心，不時大叫還會咬人。但是，在真愛的關懷照顧下，孩子走出受殘虐的陰霾，現在是聰明忠心又護主。在臺南時，也常與其ㄚ爸徐文良出任務，4/30 還為其同伴點亮祈福光明燈。有一天，剛洗好香香美容浴，竟然又跑到稻田梗，穿黑襪的孩子挨罵了，阿彌竟然還是如此燦爛陽光的笑容！有愛真美，這一世有你們真好。

從落寞到開懷
生命鬥士
── 兩腳狗天恩

雖然我只有兩隻腳，但我還是一樣可以跑跳喔！

天恩，缺了兩腳的孩子！

　　天恩帶回來的那天晚上，已經10點多了，我們把他安置在前院涼亭下的白鐵籠子裏，剛進去的時候，他「嗯！嗯！」的哼了兩聲......，在吃了整罐的雞肉之後，他輕輕的躺下了！

　　第二天早上，他靜靜的趴在籠子裏，雙眼茫茫的看著外面，看人的眼光，似乎並不帶著任何希望.......。孩子！你對未來失去信心了嗎？

　　看著他露出骨頭的兩段殘肢，忍不住心酸，這些傷口雖然已經瘁癒了，但是在復原期間，他到底吃了多少苦；斷骨的當下，他到底承

天恩救援

還好有你們，我才有今天的帥勁！

載了多少痛啊？送了一大盤的食物到籠子裡，他就這麼趴著，吃得乾乾淨淨！好孩子！你願意好好進食，我們就放了一半的心啦！

看著天恩，我們心裡都有一種不忍與疼惜，雖然他的皮膚病，讓他的體味真的很重，但是我們每一個人都願意輪流來撫摸他，跟他說話，想讓他知道：「天恩！你有家了！」

讓我們擔心的是，天恩未來的行動方式，會是一個大問題，應該要幫他做一個輪椅，但是前後各斷一肢，這樣的輪椅應該不好做吧！正討論時，身後傳來聲響，回頭一看，所有的人都張開了嘴！！！天恩會走路？

天恩從籠子裡走出來了！他是不是想告訴我們說，不要替我擔心，我已經鍛鍊出生存的能力了！

他的眼神，依舊透出一副看穿世事的感覺——淡淡的漠然！但是他所展現出來的，卻是一種正向的能力！

我們人不如動物吧？我閉上眼睛想想，如果是我自己失去了一手一足，恐怕早就失去了活下去的勇氣，但是，眼前的天恩，雖然斷臂殘肢；雖然一身皮膚病；雖然帶著濃厚的體味……。但是他依舊活得理直氣壯！

天恩！我們向你致敬！你真是好樣的！

天恩笑了！

天恩笑了！天恩到北館的第三天，竟然開懷的笑了！

從一開始無神的漠然，到淡淡的蹙眉，再到看到他窩在草叢裏開懷的笑容，天恩每天都帶給我們不同的驚喜與感動！

一早走進院子，天恩聽到聲響，沒等到我們叫喚，他已經自動搖頭擺尾地從籠子裡迎出來了，流浪過的孩子，都有顆玲瓏剔透心，已經開始感覺到「家」的味道了！

今天是天恩點了「全消蟲」除蚤藥的第三天，看他每天拼命抓癢的樣子，皮膚病應該要處理了，先給他洗個澡吧，不然會把獸醫臭死的！為了怕他不能走長路，員工小如跟陳姐用推車把他載進去，也許是第一次坐推車，他有點緊張，但是從頭到尾保持著配合的態度，確實讓人心疼！

一起做日光浴吧！

沉穩的天恩

我的未來在哪裡？

在這裡有種溫暖的感覺！！

第一次進醫院

活著
就要有尊嚴！！

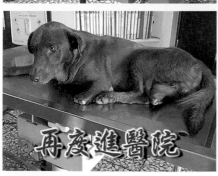

再度進醫院

不要為我擔心，天無絕狗之路！！

一進了浴室，唉呀呀！瞧瞧天恩的表情，美女姐姐幫他洗澡按摩，他簡直快要美死了啊！身上的污垢不知道有多少，洗了3次才微微的有一點泡沫，再加上藥浴，前前後後折騰了大半天，這小子完全配合，不造成任何困擾，到底是因為真正聰明懂事？還是因為沉醉在溫柔鄉裡了？

洗過澡的天恩，開心得跟什麼似的，不用板車推他，他自己一蹦一跳的回到前院，中間還在樹叢間尿尿，還抬腿喔！就用他一前一後的兩隻腳撐著，還尿了蠻久，哎喲！天恩！你太厲害啦！

帶到羅東動物醫院交給何醫師處理，不知道以前進過醫院沒有？他表現得有點不安，又有幾分無奈........。唉！任你們宰割啦！是這個意思嗎？經過診斷，有嚴重的芥癬，加上皮膚過敏，除了打針、吃藥，何醫師還要求每天用繃帶布沾藥水幫他用力揉搓最嚴重的耳朵跟頭部，天恩啊！你需要好好整頓一下囉！

今天出太陽了！早上餵完了天恩，幫他耳朵跟身上擦了藥，他就自己找了一塊地方，舒舒服服的做起日光浴來了！看著天恩安詳的表情，覺得好安慰，卻又忍不住有點心疼。那種心疼，很難形容，也許，只有真正疼愛毛孩的人才能夠體會吧！

天恩笑了！

享受生活的天恩

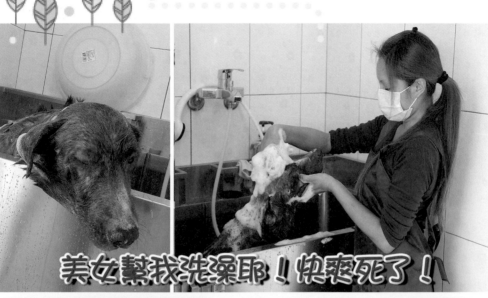

美女幫我洗澡耶！快爽死了！

快樂的奔跑

天恩乖乖擦藥喔！

天恩的義肢。

　　上個星期，潘杰跟凌均這對跑遍全省製作狗狗輪椅的愛心情侶，專程從新竹上來，幫天恩量了尺寸，一星期後，他們帶來了做好的義肢！

　　其實，我們一直在煩惱，天恩的前後各缺一肢，這樣的輪椅該怎麼做他才會舒服？一般而言，狗狗裝上輪椅，因為不能坐也不能躺，所以短時間就必須拆下來，人跟狗都會費時費事，而天恩的2根斷肢都特別短，這樣的輪椅該怎麼處理呢？

　　潘杰跟凌均來到了北館，讓我們驚喜的是，他們亮出一支義肢！潘杰希望不用輪椅，讓天恩能夠擁有一隻堪用的腳！

　　我們開始在天恩的前腳嘗試，可愛的孩子，他只嘗試抗拒了2秒鐘，就很順服的把自己交給我們了！

謝謝潘杰和凌均，為我量身打造了義肢，雖然
我有點忘記怎麼走路了！但是，我會努力的！

天恩首度裝義肢

天恩裝上義肢

天恩柔順配合

天恩！不怕！
阿姨帶你走路！

這是新的體驗喔！

天恩加油！　再試一下！

第一次裝上義肢，天恩似乎很滿意，但是因為他的斷肢太短了，必須把義肢再繫緊一點，天恩忽然慘呼，把我們都嚇到了！因為義肢必須借用他的關節來固定，但是他的關節處有一些特別脆弱的地方，所以會痛。唉！這下就有點麻煩啦！

好不容易繫上義肢，讓他站起來，不知道是不是因為原肢太短的關係，他完全不會走路了！看起來，即便義肢順利安裝，天恩也需要一段時間來重新學習走路，因為他可能已經習慣右前左後雙腳跳躍的走路方式了！

潘杰沒有沮喪，他說：「我會再嘗試後腳的義肢看看！」他很平靜的把工具收起來，然後抓起了5個彩色的風車，說：「我們先來把風車裝起來！」

莉莉姐帶著微笑跟我說：「動保界有這樣熱心的年輕人，我們怎麼會沒希望呢？」

潘杰跟凌均走了之後，天恩偷偷地在我耳邊說：「雖然今天沒成功，但是我真的很感謝他們的用心，幫我跟他們說謝謝，好嗎？」我說：「你叫我一聲把拔，我就幫你轉達！」

天恩笑笑的縮回身子，躺了下去！我輕輕摸著他的頭：「孩子！我們都在盡力，希望你幸福！你也要盡力，堅持你的韌性，因為，你要讓所有的人看到，什麼叫做『生命的鬥士』！」

啊～
潘杰哥哥
輕一點～

天恩第二次裝義肢

天恩的
義肢

残肢浪浪的狗生哲学

我很小，
可是我很強壯！

我是宇宙
無敵強壯
的壯壯！

車禍後的壯壯。

　　壯壯，車禍後瘸著腿，冒著風雨躲在巷弄流浪一個多月。被舉報抓進收容所，在收容所一角安靜地緊緊守著食物的毛孩。

　　因為希望就近醫療照顧，將壯壯從花蓮接到三重愛生醫院給楊院長接續治療。

　　到醫院探視壯壯，只見他很安分的坐在籠子裏。看到人來，立刻露出快樂的笑容。真是親人又容易滿足的小孩。真希望儘快接他回去。可是和楊院長討論後，心情很沉重。

　　壯壯左腳骨折拖延太久，骨髓發炎，骨頭有些已經被侵蝕化掉，即使骨髓炎治好，後肢也很難有作用。這還是傷口處理好，骨髓炎治好的理想狀態。而尾椎神經已經失去作用，還會造成排便阻礙（壯壯的尾巴很大）。目前決定可能截肢和切除尾巴，這是讓壯壯恢復最快最有把握的方法。而手術如果復原良好，再來還要專心治療心絲蟲和艾力希體。

　　很感恩和壯壯相遇的緣分，非常不捨他受的苦難。臨走前，我再回去抱著壯壯，孩子，你要挺住啊！

　　希望你永遠有這樣的笑容。

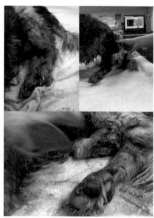

收容所裡的壯壯，瑟縮在角落。　帶傷流浪了1個多月，讓受傷的下半身錯過了最佳治療時機。

20
15 6 07 ■ Vincent Chang

動也不動的壯壯。

別看我小，
我超強壯的！

早上去看昨天手術的壯壯，一進去，隔壁籠的毛毛開始躁動。壯壯一直背對外面，頭朝裡面，動也不動，實在好心疼。可是一叫他的名字，下身不敢動的他，卻慢慢地轉頭了，還勉強露出笑容，真的是很親人貼心的孩子！

希望他能強壯的活下去，即便過去的他，是躲在巷弄，民眾舉報，被抓到花蓮收容所等死。在收容所裡，他安靜坐在角落，守著一盆食物（可能流浪餓怕了，他很重視食物）。他的個性溫和又親人，本來以為他不愛動，直到他站起來，才發現這孩子的兩隻後腿有很大的傷口，可能車禍被撞傷了，一隻腳完全無法著力，另一隻腳不停的磨擦地面，早已傷痕累累。

他的頸上是有鍊子的，看來也曾經是有家的。可是這樣受傷的孩子在收容所連十二夜的機會也沒有，他安靜認份的坐在籠子裡，不知道生命隨時會被結束。

很感謝花蓮收所志工謝卉瑜和李雷喬的照顧和幫忙，我們決定搶救這個可憐的孩子。從現在起，他的名字叫壯壯，希望他傷口復原，強壯的活下去。

和楊懷民一起探視壯壯，我們都被壯壯眼神裡散發的熱情給融化了。

永遠樂觀堅強的壯壯。

　　壯壯住院手術也有一段日子了。因為車禍，手術截去左後肢、尾巴，加上結紮。這些日子除了治療心絲蟲和艾力西體，就是等傷口復原，加上作復健；膀胱也會漏尿，這也需要時間恢復。

　　因為壯壯的脊椎受傷，所以沒受傷的右後腿也相當無力。每天要加強讓他練習後腿站立。雖然後腿目前只能站立支撐幾秒鐘，還不能行走。

　　但是壯壯看到有人來，就高興地以前腿拖後腿的方式，飛奔而去，真的是很親人的孩子。想像如果一個人出門被車子撞了，下半身癱瘓，又不知家在哪裡，在風雨中拖著露出骨頭的傷口數日，兩隻後腿都磨得傷痕累累，最後被迫接受截肢！我想任何人都會覺得很沮喪吧！

　　可是在壯壯身上看不到所謂的創傷症候群，他永遠帶著笑容。壯壯讓我們看到什麼叫樂觀和堅強！脊椎神經的受傷，恢復慢而且很難預料，真的希望壯壯能自己站起來啊！

一條簡單的毛巾，就是最棒的復健工具。

看吧！
姊姊只摸我
一個！

相當親人的壯壯，可以用前腿托後腿的方式，向人飛奔。

飛翔的翅膀！

　　記得壯壯嗎？去年花蓮收容所爆滿，許多毛孩面臨即將安樂的命運。這個車禍後骨折又半身不遂的孩子，在角落安靜的守著飼料。兩隻後腳背深深的磨傷，道盡他流浪的坎坷日子。

　　怕這孩子被優先安樂，我們先把他接出來。脫離了生死關卡，但是壯壯這些時間並不輕鬆。因為骨折加上脊椎受傷嚴重，我們忍痛接受獸醫建議，截肢又截尾。但是仍無法站立，而且屎尿失禁。（感謝葉子辛勞的照顧）。而每週從北館兩次專車從宜蘭到台北的鍼灸，加上長期的復建，變成是我們和壯壯必做的功課。

壯壯是「莉丰慧民V」北館繼毛毛後的第二個孩子救援。

　　我們不知道這個重傷的孩子，能恢復多少。但是取名壯壯，透露了救他的期盼。因為他的笑容告訴我們，他並沒有放棄對生命的希望！

　　這個下午，壯壯從台北鍼灸回來。看看壯壯多麼開心，耳朵在風中飛翔。我們也笑了，堅持不放棄，生命會自己找到出路！

　　救這些孩子時，我們不知道他們的未來會如何，「明天」是我們盡力給他們的希望。但是他們讓我們看到生命的強韌和希望，也對北館的未來更有信心！

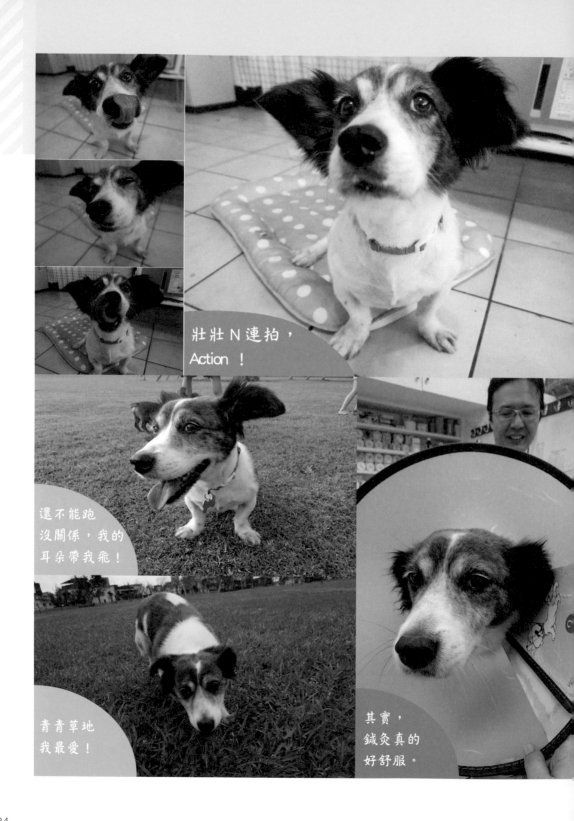

壯壯N連拍，
Action！

還不能跑
沒關係，我的
耳朵帶我飛！

青青草地
我最愛！

其實，
鍼灸真的
好舒服。

張醫師筆記

　　壯壯可以說是我個人在網路上第一次正式回應求救文而救援回的狗。那時看到他下半身癱瘓，落寞的緊守在飼料盆旁邊，覺得好不忍心！而事後我才慢慢體會，傷病狗救援的困難度，遠比收容幼犬送養高很多！

　　除了緊急手術的風險和照顧，事後的復健更是漫長的路途。壯壯受傷時，拖了太久。已經骨髓炎，截肢又截尾巴。而當時脊髓受傷，後半身癱瘓，大小便失禁。也非常感謝愛媽林炘葉的細心照顧。我們每週帶到台北針灸，持續了一年以上，現在終於可以跑跳了。

　　而受傷的孩子，卻也有自己特殊的脾氣。壯壯很有領域感，最討厭別的狗走過面前，偶而有白目不知規矩的，總會惹來壯壯的怒吼。這可能和他身體的病痛和殘缺並未完全恢復有關吧！下肢癱瘓的狗能由針灸改善，已經是比人類神經復原得好了。可是壯壯的肢體，隨著季節的變幻，還是要忍受各種程度的痛楚。膀胱有時也需要幫忙解尿。

　　這一路的辛苦真是漫長！可是壯壯的笑容一直在告訴我們，他永遠樂觀不放棄！

尤其看著他能在草地快樂奔跑時，覺得一切都值得了！

熱愛自由的小哥
關不住的阿草

我最愛自由自
在逛大街！

宜蘭北館的新成員
——鬼針草！

　　狗狗取名叫「鬼針草」！很奇怪吧？只因為他被救到北館的時候，身上毛結成塊，渾身沾滿了鬼針草，我們一面幫他把草刺拔下來，一面就順口給了這麼一個名字了！

　　說起來，遇到這個苦命的孩子也是緣份！文良因為北館在風災中受損嚴重，專程到宜蘭來幫忙，聽說有一隻項圈狗，他急急忙忙拉著我們跑到三星鄉援救，沒找到項圈狗，卻發現了這隻梗犬，在荒無人煙的河堤上流浪，一大片河堤除了亂石跟雜草，什麼都沒有，狗狗不是要活活餓死嗎？就這樣，這個浪毛孩被帶到了北館！

　　狗狗應該是餓壞了！在現場連吃3個罐頭，來到北館，又直接吃光一大盆的飼料！可憐啊！你怎麼會流浪到那樣荒涼的地方呢？狗狗

梳洗過的阿草，展現迷人的笑容。

身上的毛幾乎都打結成塊了，還沾了一身的鬼針草，扎在身上多難過啊，看得我們都覺得好心酸！可是狗狗很親人，不但讓我們摸，還會主動的嗅嗅在場的人跟狗！大家推測，這個孩子是有人養的吧？是誰這麼狠心，把他拋棄到那樣的不毛之地呢？

　　莉莉姐看不過去，率先跳出來幫他修毛，我跟張醫師則蹲下來幫他一根一根的拔出身上的鬼針草，同時檢查他身上皮膚的狀況。莉莉細心的修剪著毛孩身上的毛球，剪到後來手酸啦！我們乾脆喀嚓喀嚓，把那些毛球毛塊全剪了，她說：「反正這些毛球保不住啦，剪掉了他也舒服啊！」

　　接下來，莉莉幫他洗澡，這孩子好乖，沖水洗身都不會掙扎，還會對關注他的莉莉默默相望，我們更覺得，這應該是有人養過的孩子啦！洗著洗著，莉莉忽然大叫，你們看他的腳！哇！後腳掌整塊皮都不見了，血淋淋的新肉露在外面，天啊！這有多痛啊！後來看過獸醫，才知道這個孩子一定是走了很多的路，甚至在河岸邊的碎石地上就不知走了多久，後腳掌才會傷成這樣，孩子，受苦了喔！

親人又溫馴的阿草，
越看越有魅力。

北館　新成員　鬼針草

毛都打結了

同心合力，剪毛清理

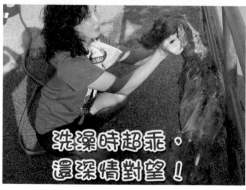

洗澡時超乖，
還深情對望！

成堆的毛結，剪到手酸

親人的孩子，喜歡被摸頭！

腳掌走到皮開肉綻……

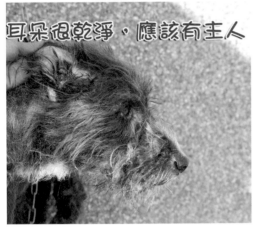

耳朵很乾淨，應該有主人

看牙齒，年紀不大啊！

草哥梳理過程全公開！

露出皮包骨……

莉莉剪毛帶洗澡，儼然美容師

這孩子吃飽了，修過毛，洗過澡，感覺果然不一樣了！大家討論著說，應該先給他取個名字吧，在場的人七嘴八舌，定下了「鬼針草」這個名字，但是鬼針草不好叫，幾天之後，被簡稱「阿草」，還挺親切的吧？呵呵！

極度親人的阿草，剛來的時候親人又親狗，時間慢慢累積，讓我們發現了他的另一項特長──逃脫術！

看我把頭髮整理好後，是不是真的很帥！

任何籠子似乎都關不住他，即使用鐵絲捆住了籠門，他都有辦法逃出來到處閒逛！直到有一天晚上，他試圖用爪子開門，一不小心，整個爪子卡在籠子的網洞上，他讓自己被吊掛在籠門上，但是他一直努力掙扎，卻不呼叫，是在他對面的久一看不下去啦，拼命大叫，引起我們注意，才趕過來幫他解脫，當時，我們的逃脫專家，已經緊張到，胸口都被口水滴濕了一大片......，如果是人的話，恐怕已經是臉色發青了吧？

因為這次事件，我們痛下決心，把所有的鐵線籠，都換成了角管白鐵籠了！

後來阿草被換到了更舒適的南方松圍欄！但是，沒兩天，他小哥又趁著半夜跳出來逛大街了......。我們實在是百思不解，因為圍欄的門並不矮，他站起來只能露出個頭啊？後來查看監視器，才發現這位仁兄，竟然用背靠著們，雙腳抵牆，用力一蹬，就用背滾式翻出來啦！

從此以後，我們白天讓大家自由活動，晚上各自進籠，只有阿草，在房間裡四處閒逛，我們也只有隨他去了！

可愛的是，他除了超級貪吃、愛自由，其他方面，從來不搞蛋，也算是個狗界奇葩吧！

最喜歡來美容一下了！

認不出來了嗎？頭髮中分而已啊！

讓人心碎又心疼的黑妞

彩虹會守護你的

請大家等我康復，
一定會跟閃閃一樣
可愛！

心碎了，傷痛了， 流浪毛孩的悲哀！

膠繩緊緊纏綁住嘴，五花大綁，BB 彈掃射……。左耳斷了，尾巴被切掉了，右眼瞎了，左腳殘了，全身都是彈孔傷疤，體內也還有ＢＢ彈圓珠。

勒綁死的嘴，痛的哭叫不能，無法自衛，無法反抗，能想像受虐當時，她痛不欲生的慘狀嗎？她才是個三個月大的小幼幼啊！

人啊！真遭罪，舉頭三尺有神明，你加諸在孩子身上的所有罪行，會一一還諸在你身上，法律制裁不了你，因果法則你逃不了。

取名「黑妞」明天中午，台北三重愛生醫院，手術左腳及取出BB彈，為妳祈禱祝福，孩子妳要勇敢堅強……妳的未來不是夢，因為我們緊緊擁抱著妳！

勒痕、斷耳、斷尾，眼瞎腳殘，還有體內的BB彈圓珠，讓人心碎。

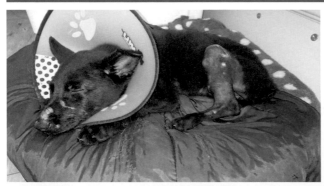
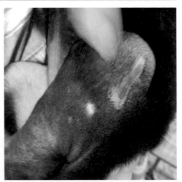
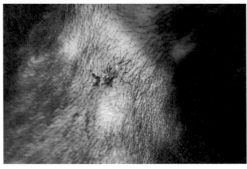

將彩虹的祝福送給黑妞！

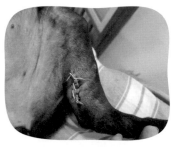

希望術後的黑妞，得到最大的祝福。

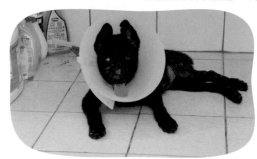

有關籠恐懼症的黑妞，在北館靜養，期待康復一日到來！

　　細雨是媽媽的眼淚，淚水鋪織彩虹，讓不幸的孩子走向幸福橋！

　　黑妞有嚴重的關籠恐懼症，關進籠子會不安的撞籠大叫！

　　但是，為了要挽救她瘸腿的命運，我們必須趁早先處理她被打斷的後腿骨折，也取出她被射擊進體內的BB彈！和愛生楊院長商討，為了讓黑妞有安全感、不躁動，手術後不住院，就直接帶回館裡靜養！

　　親手送她進手術室，到看她虛弱的出來，幼小殘缺的身軀，剃毛後 更看清楚了，密密麻麻的彈珠疤痕，再也忍不住 流下了……憤怒又心疼的眼淚！

　　怎麼忍心下此毒手，必遭天譴！

　　回宜蘭北館的路上，下起了大雨，兩道美麗的七彩虹橫過天空，動保這條辛酸路，流過的淚水，像天空的雨數不清。可是……，不是就會出現彩虹，讓不幸的孩子走到幸福嗎？！

帶著福袋前來相遇

項圈小豬愛的故事

救與不救——真兩難！

就是他，讓我在北館重建之時，仍心心念念！

謝謝大家幫助，我把他帶回來了，現在在北館快樂的生活著。

　　風災後，正在重建的北館，又是一筆相當大的款項，此刻的我
們，真的無法救援重病需要醫療安置的孩子。這二天，花蓮收容所裡
有2個孩子，一直出現在我腦海裡，掛心的我 終於還是無法放下，打
了電話關懷詢問。唉～孩子還是沒人接出醫療，救與不救真兩難。

項圈小豬與車禍癱瘓米格魯，
接出送醫！

項圈小豬，約六、七個月大的孩子，研判三～四個月大時，就被套上致命的枷鎖，項圈深入喉骨，因為傷口太深，所以得先清創，而無法立即縫合！感謝 Felicia Wang，願意負擔這孩子的醫療費。

車禍米格魯，送醫後才知是懷孕的媽媽，胎死腹中緊急開刀，拿掉死胎並結紮，但因為腰椎錯位，後肢跟尾巴無知覺，已裝導尿管，還有兩型艾利西體都罹病，目前在醫院還是發出疼痛哀叫聲，真是個命運悲慘的可憐兒。

感謝徐園長知道北館目前處境，願意接收照護，更也因為米格魯而接出花蓮收容所幾個傷殘老幼犬。

當時掛心的這個孩子，被項圈圈住，再不救援，就會因為頸部糜爛、氣管阻塞、血管爆裂而死。

卸除了項圈，孩子臉上出現鬆一口氣的表情。

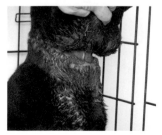

但是，還有一段清創的路要走，孩子加油！

福豬，入住宜蘭北館。

　　大腫臉的小豬，消腫後肉垂下脖頸，頸圈袋像似掛著甜甜圈，似披著高貴羽毛絨的圍巾，又似掛著福袋的送福豬，哈！就是超級漂亮可愛的孩子啦～～希望「福袋豬」能為莉丰慧民v館，帶來福氣！

　　頸圈是幼犬的致命枷鎖，小豬研判約二個月大時被套上項圈，三個月後小小項圈成為奪命的利刃，皮開肉綻深入喉管，散發出陣陣惡臭，遭人厭惡驅趕，覓食無處奄奄僅存一息時，小豬被通報入了花蓮收容所。

　　花蓮收容所緊急接出花蓮高橋醫院治療，再由志工李雷喬、謝卉榆，親自送至宜蘭北館，因為傷口大片潰爛嚴重，所以目前也只能清創消炎敷藥，沒長肉暫時是無法縫合。換藥時小豬會發出痛痛的豬叫聲，唉～可憐的孩子，還要一段長時間的奮鬥。

只能先清創，敷消炎藥，等到肉長出來才能縫合。

縫合的傷口，看了還是讓人無比心疼。

莉莉媽媽說我有
福袋！我覺得她
說得很對喔！

感謝第一時間，楊懷民大哥、Vincent Chang張醫師、Felicia Wang，支持我救援小豬，徐園長教導我照顧方法，黃龍宗醫師寄來貴森森的療效粉，花蓮志工的照護接送，北館職志工接手照療，所有關心小豬的善友祝福的留言，匯入善款購買我們商品的朋友，讓我們有更多能力幫助苦難的浪孩。

愛的接力，歡喜心受，只因大家共同心願，為受苦難的毛孩找幸福找出路 在此我替小豬及莉丰慧民V 毛孩子們致上十二萬分的感恩，謝謝您們。

認真看待毛孩子，不要遺棄牠們，牠們無法自我供給而存活！

讓我們秉持初心，努力不懈，在這條血路上，將心燈點亮、創造萬丈光芒，給牠們一個家，讓每一個毛孩快樂成長！

復原中的小豬。

　　復原中的小豬，已經不再因痛而掙扎，信任安靜的讓我敷藥，認真看這個不起眼的孩子，沉穩中顯露著堅毅的靈魂，堅定且不畏懼的性格，散發出聰穎高貴的氣質，每一個孩子真的都有獨特的魅力啊！

　　謝謝關懷小豬，為小豬尋求生機的朋友，求援、感傷、流淚、醫療、接送、祈福，因為有了這樣的愛與希望的接力，小豬一直很努力不負眾望的康復中。

　　台灣米克斯犬生活在這一塊土地上，我們本應共同正視牠的生存權並付出關愛。但願米克斯能成為人人眼裡的寶貝，疼惜牠！

　　期待善良的萬眾衷心，推動台灣動保邁向文明！

你就是鼎鼎有名的毛毛嗎？

好啦！其實還是有點痛，但我會加油的！

莉莉媽媽幫我換藥，都超細心溫柔的

今天我的下巴看起來有點像圍巾吧？

為小豬祈福！

　　謝謝宜蘭湖光動物醫院醫師護士們，昨晚為小豬清創及手術到凌晨！小豬現在宜蘭湖光動物醫院，需要您們的祈福助力，小豬的下顎傷口非常深很嚴重，目前還在麻醉清創中，已經清了2個多鐘頭了，要等全部清完才能做縫合！

　　流浪的孩子，是怎麼捱過這無情的歲月，在日本的我，此刻除了緊張擔心難過淚流，祈福是我現在唯一能夠的希望，老天爺！我還能有機會再次擁抱這孩子嗎？

莉莉媽媽，我等你回來抱抱喔！

眼盲心不盲

KK照樣
追趕跑跳碰

20 11 07　■ Vincent Chang
15

雙眼失明的邊境牧犬
——KK。

　　熟悉北館毛孩子的朋友們，對我們救援的狗狗大概都很清楚吧！可是知道KK的人恐怕不多吧！其實KK也是我們最早救援的孩子之一。

　　他是一隻邊境牧羊犬，雄性成犬，長得很高大漂亮，被學生發現綁在學校車棚，二天了，卻沒有人來帶走，顯然是被棄養了。接獲通報時，想說帶回館裡暫時安置，掃晶片，找主人，甚至找認養，應該不難解決吧！因為自己也養著二隻從收容所接回來的邊境牧羊犬，對這據說排名第一聰明的狗，有著特殊感情。想到這麼聰明的狗怎麼會被棄養，除了不解，更想要幫助他趕快找到家！

　　接回來時已是深夜，先安頓下來。等到隔天想要幫忙找失主時，我們發現KK好像看不到，開始了解他為什麼被拋棄在外了。沒有晶片，四處發布消息，刊登在邊境的社團希望幫忙尋找，但是，KK的家似乎消失了，而KK也找不到回家的路了。我是眼科醫師，在看到KK雙眼那一刻，就知道這是青光眼末期，他是永遠不可能看得見了！

　　我照顧過許多青光眼的病人，但卻是第一次面對一隻青光眼失明的狗，尤其是一隻特別聰明的邊境牧羊犬。提到兩眼失明的狗，也許

吃起東西來的狠勁，KK真的無狗能敵！

有朋友認識南館的福佑吧！福佑被救援時，因為受傷而摘除雙眼，住進南館。他每天早上自動的走到院子，坐下來晒太陽，進食飲水，平靜且和樂！

可惜KK是一隻邊境牧羊犬，他們不但聰明，而且個性非常敏感，極度需要關愛。走路時，他要走在前面，自己確定方向。吃東西時，快速狼吞虎嚥，而且放置高處的食物，總有辦法吃到。這一切的行為偏差，應該是和失明造成的不安全感有關吧！

一般人看到邊境，先想到的多是他們是最聰明的狗。以自己飼養2隻邊境多年的經驗，聰明的邊境，需要的關愛特別多。如果他們沒有感受到關愛，一定造反。還有更可怕的是，他們精力充沛，絕對陪你玩到底！

這一路走來，KK曾抓破一個門，偷吃無數食物（包括一整隻雞），打破多數盤子，破壞家俱物品無數，要幫他洗澡、梳毛，都還要看少爺心情。但是這個破壞王，小惡魔，當你慢慢靠近他時，他會輕輕的用鼻子觸你的手，小心的舔你的手，將身體傾靠在你身上。他是多麼的需要人的關愛啊！

之前在北館建設又遭風災時，很感謝愛媽葉子接手照顧KK的艱鉅任務。現在我們終於有空間餘力把KK接回家了。因為有愛，KK在一點一點地改變著！當眼睛看不見時，心靈還是能體會愛的。感恩KK終於打開了心門，也感謝同仁們的努力。

我也是有乖乖等吃的時候啊！

我是北館的小瑪，
也是阿嬤的 Honey ！

狗小志氣無比高

只能用愛收服
的小瑪

■楊懷民

20
15 12 04

竹圍海邊的孤單小瑪爾！

　　海風毫不留情地吹著，他就孤孤單單的被棄置在岸邊的防波堤上，瑟縮顫抖的小小身影，渾身髒亂的毛髮披掛，被亂髮遮住的眼睛，卻忍不住透出全然的無助……，放眼望去，天地之大，卻沒有他的容身之處？

　　他看起來應該是隻瑪爾濟斯，但是經過日曬風吹雨淋，已經像一個小瘋子了！有愛媽告訴我們，這隻小狗只能捲縮在海邊的垃圾堆裡棲身覓食，聽了實在不忍，於是我們從宜蘭到竹圍把他帶了回來！

　　小狗剛到北館，像一個小可憐，我們發現他屁股上沾了一塊便便，就很自然地伸手想把便便取下來，想不到小狗一聲狂吼，回頭就是一口，莉莉姐手上當場二個洞，一點也不客氣！

　　我回頭跟張醫生說，小狗的屁股不能碰，他會咬人耶！因為我說話時手指著他的小屁屁，小狗也對我怒吼，似乎在說：「你怎麼可以嫌我屁股上有大便？很沒面子耶！」

　　大家一致覺得，這是一隻自尊心超強小狗喔！

　　最後是，硬把他壓住，強行修剪了屁股上的毛，這才發現，他的小屁屁上，刺著一根魚鉤，他從肛門到大腿根，整片都是發炎紅腫的，難怪會這麼極力排斥啊！

海邊的小瑪

只能躲在海邊的垃圾堆，忍受風吹雨淋的狼狽小瑪。

因為他是馬爾濟斯，所以我們給他取名叫「小瑪」！

　　小瑪的傷逐漸治好之後，他的態度看似比較平靜了，我們把他放在成犬室的個別籠子裡，跟一些大狗放在一起。哇！這下不得了，他對每一隻大狗吼叫、挑釁，弄得每一隻大狗都跟他成仇。放出來玩的時候，他也一副「不畏強權」的架式，引得大狗們都想咬他，這下我們慘了，小瑪必須分開隔離，連大家在草地上玩耍的時候，他也不能參與，我們必須要加派人手，帶他到另一個區域，才能避免發生慘案！

　　小瑪有著可愛的外表，卻配上了神經質的個性！也許，很多小種狗都有類似的特質—高興的時候，翻肚子讓你摸；一旦心情不好，瞬間翻臉咬人！我們館裡，幾乎每個人都被他咬過，這……，傷腦筋耶！這樣該怎麼讓人認養呢？

　　有一天，來了一位阿嬤，他想認養小瑪。我們明著告訴阿嬤，小瑪會咬人喔！阿嬤說：「沒關係，我有經驗！」我們經過多方了解，幾次溝通，終於同意讓阿嬤把小瑪帶回去了！

　　中間經過幾次的電話溝通，阿嬤說：「她真的會咬人喔！」我們很擔心，怕真把阿嬤咬傷了，就請她把小瑪帶回來，她說：「我不信他會一直咬我，我可以的！」

　　3個星期以後，阿嬤帶著小瑪回到我們北館，她說：「我替他改名了，叫『Honey』」！

　　只見Honey在阿嬤身上，像隻小綿羊，但是誰如果對阿嬤攻擊，Honey立刻怒吼！阿嬤把Honey放在地上，她走到哪裡，Honey跟到哪裡，寸步不離！

天啊！當初的小瑪改變了！我們問阿嬤：「妳怎麼教的？」

阿嬤說：「該疼的時候疼，該管的時候也要管！但是我真的把Honey當我的心肝寶貝！」

　　「愛」的力量的確是無遠弗屆的，它永遠能夠創造奇蹟！

現在的小瑪

可愛度破表！

逃出香肉店的浪浪

因為愛，
不能遺棄的久一

愛，無法遺棄；
情，無法割捨！

逃離香肉店宰殺
身纏尼龍鐵絲網
傷痕累累的浪兒

　　久一，是我們來到宜蘭建構北館之後，第一個救援的毛小孩。取名「久一」，蘊藏「救伊」的含意。久一原本的流浪生活區是羅東車站，後來消失了足足兩星期之久，當牠在次出現時，全身纏繞鐵絲網、尼龍線，判斷和斑斑一樣，都是傷痕累累的逃離香肉店。

　　我們出動救援時，或許是受傷害的驚魂未定，久一神色害怕，出動三次才成功把他帶回來。救回來之後的一個月內，沒有走出籠子一次，我用牽繩拉著，也抵死不出來；只有眾人不注意時，才會自己出來尿尿，戒心很重。

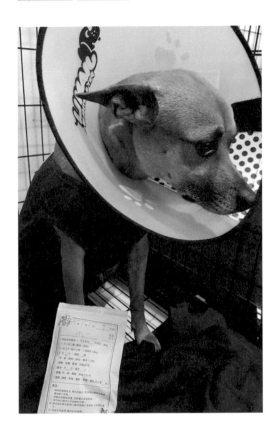
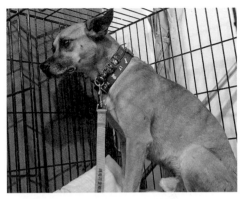

1.接受治療的久一，神情不安。
2.初到北館，久一還是有著深深的惶恐與不安。
3.久一吐舌頭，也相當可愛。

　　剛來到會館的久一，每天晚上十點～十二點，就會開始哀嚎哭泣尖叫，像瘋子般的撞籠，呈現無法從惡夢掙脫表情（也許這時段是他看見同伴被宰殺的時間吧？我只能如此猜測。）

　　有一天，館長王丰，趁著休假來到宜蘭北館探望久一，心疼這自閉嚇破膽的孩子，特地帶他放風，沒想到，一牽出大門草地，久一竟然咬了王丰一口，立刻跑掉。從突發狀況回過神後，我穿著拖鞋和穿皮鞋的王丰，開始追找久一。他躲進香蕉園內，下午二、三點跑掉，晚上7點發現他在馬路上。久一會回頭望北館，然後就跑掉，這樣三

| 1 | 2 |
| | 3 |

1. 一直這樣看我，很害羞捏！
2. 放心吧！久一！這裡不會再有人傷害你。
3. 看來此籠非彼籠，是再也沒有恐懼的籠子。

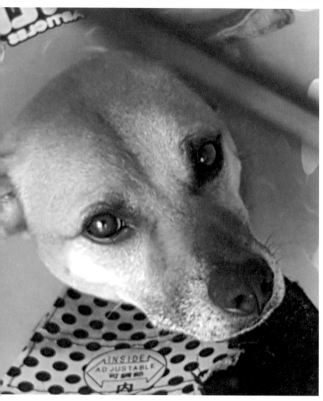

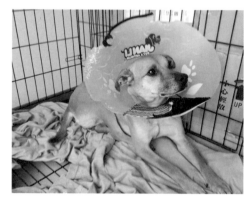

番兩次的從遠處回望，卻不回來。

　　到了晚上，是累了吧！久一躲在我的車子底下，只要發現我們看到他了，就溜走。後來我們決定智取，第一步就是把籠子搬走，放碗豬腳；不一會兒就發現豬腳不見。這招果然成功讓久一上勾，他更走近些，甚至於把頭探進來尋找豬腳。久一想找東西吃，頭探進來，找東西吃，但很有戒心。

感謝曾經幫助過我們的您，讓我們有更多能力資源，救援醫療受苦難的毛孩子們，毛孩子是家人，不買不賣不遺棄。

最後，費了九牛二虎之力，我與他鬥智，終於被我拖住，逮捕歸案。從此，帶到我的房間跟其他的狗兒一起生活二個月，慢慢接觸習慣這個家。

現在的久一，變得非常熱情，看到人時屁股就會像電動馬達一樣，電力源源不絕，可以一直搖。

歷經遺棄與苦難

奇蹟般活下來的黑豆

北館裡毛色既黑
亮又有型的，真
的就只有我了！

125

奇蹟重生的黑豆！

　　每一個生命，都應該有好好活下去的權利，即使是孤苦無依的流浪狗亦是如此。就如「黑豆」，為了爭取活下來的機會，歷經數次大手術煎熬，展現堅韌的意志，終於戰勝死神。

　　渾身烏黑晶亮的黑豆，是隻黑金鑽米克斯，被原飼主遺棄在宜蘭冬山鄉的珍珠村。流浪了一年多的日子裡，被愛心媽媽餵養。直到有一天，愛媽驚覺三天不見黑豆蹤影，大感不妙，就急忙打電話向我求助。

　　當我們再看到他時，整條尾巴的毛髮都不見了，屁股皮都被掀開來，渾身是血，奄奄一息。救援流浪狗以來，曾經看過遭到受虐、捕獸器等各種嚴重傷害的模樣，但這次我被黑豆的狀況嚇到，到底遭遇到怎樣的殘暴施虐，讓人非常心疼。

從肛門到尾巴的皮毛全被剝離，難以想像何人下此毒手！

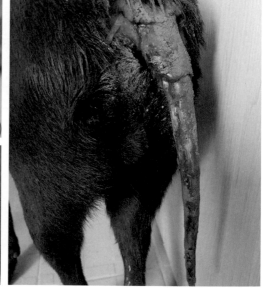

帶回來的時候是周六的晚上，打算隔天一早送到醫院。看著牠的殘破身軀，虛弱的氣息；讓我擔心到整晚不時探探他的鼻息；幾次失溫、翻白眼的狀況，更是急壞了北館員工們，棉被、電暖器，按摩，餵食給水，整夜細心照料未曾停止。等待天明醫院開門的夜晚、特別驚心又漫長，就怕黑豆撐不到明日手術前，就停止呼吸離開了。

　　好不容易等到天亮，一早電話告知羅東動物醫院何醫師，緊急送到醫院，開始吊點滴、檢驗。不一會兒就來了壞消息，四合一的心絲蟲病檢測未通過，醫生說狀況不對，心絲蟲太多，問我：「這樣狀況還要手術嗎？」我反問醫生：「不做手術可以嗎？」醫生搖搖頭，但也說出了手術過程中死去的可能性。

　　這樣的狀況真的讓人好糾結。但為了拯救黑豆，爭取時間，我當時心想，既然有機會就賭它一把吧！送入手術室前，我走到黑豆身邊，默默地鼓勵也警告著他：「我送你來，你一定要給我活下來」。

　　黑豆送進手術室，我回到北館等候，時間漫漫，讓人七上八下，

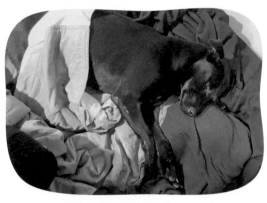
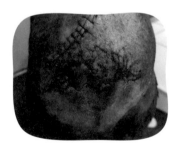

1. 不眠不休的照顧，期盼安然度過在北館的第一晚。
2. 手術後縫合的傷口，看來依舊讓人不忍。
3. 三天後，能喝也能吃的黑豆，展現奇蹟似的生命力。

黑豆奇蹟似地活了下來。

直到晚上六點，終於接到醫生來電，請我接回黑豆，這下才放下心中
沉甸甸的大石頭。何醫師告訴我，打開黑豆骨盆後，發現骨頭都彎曲
了，是被打彎的、還有嚴重烏青瘀血。術後，全身冰冷，觀察三天
後，若能活下來就真是奇蹟。

　　救回黑豆時，是2016年1月17日，那時，全台都很冷，我開了電
暖器，不斷對黑豆精神喊話、加油打氣，告訴他不可以癱瘓，也經常
為他按摩。

　　手術後的第三天，看到黑豆終於站起來，宛若重生，雖然走路屁
股彎彎，後腳萎縮。但強韌的生命力及堅強個性，讓現在的牠活出健
康、活潑的姿態，讓我又感動、又欣慰。

黑豆，真是奇蹟重生啊！

黑豆按摩樂

脖子！

還有肚子！

後腦杓也很重要。

按摩完畢，睡一下最棒！

雖然虛弱的身子尚未能站起來走動，但是能喝也能吃、尿尿很大泡，然而因為皮毛傷至肛門、縫小了肛門又植皮、再加上疼痛無力，四天了還未能便便、今天傷口一直流出了許多膿血，我們又趕緊送她去醫院。

黑豆目前狀況安穩，我們也堅信黑豆會復原站起來，她不能再傷我們的心，她也明白我們的能力資源有限，也沒有癱瘓的權利。

感謝關心黑豆、關心會館毛孩的朋友，感謝關懷我們給我們鼓勵、資源、助力的朋友，孩子們身上流的血液，是您們奉獻愛的資源與關懷。我們不孤單，讓我們一起努力奮鬥，將所有弱勢悲慘的生命迎向彩虹，感恩您們！

宛如瓊瑤劇中女主角
氣質迷人的雅雅

能回家是件幸福的事！

　　花蓮收容所去年底悄悄的安樂了一批狗。被遺棄進收容所的雅雅因為懷孕，而逃過一劫。 可是在收容所出生的孩子，因環境不佳，全部死亡了。而雅雅也因此又被排入下一批安樂名單。

　　雅雅總是安安靜靜的，優雅的舉止，看得出來她曾經是有家的。也因此更不忍她二度被排入安樂。（感謝謝卉榆、張立亞、李雷喬及眾人的救援，將雅雅送來北館。）

　　她很文靜，很守規矩。堅持要在戶外大小便。吃東西慢慢的，也不搶食。為了要讓她快速融入北館的大家庭。晚上特地帶她睡我床邊。半夜醒來，卻總見她炯亮警覺的雙眼。好冷好冷的早上，我決定帶雅雅出去散步搏感情。冬山河吹來的風像冰刃。雅雅乖乖的跟在我身後，一路渺無人影，偶而停下來抱住雅雅，互相取暖。慢慢的，我們的距離好像近了。

　　回家後，第一次看見雅雅笑了。是高興沒被遺棄在路上嗎？那一刻開始，雅雅好像放鬆了，也能跟人互動了。原來出門能回家，是一件多麼幸福的事！

星期日 7℃
2016. 1. 24
冬山河濱公園

雅雅優雅教室

秘訣1. 抬頭挺胸、前腳交叉，每個角度都優雅。

秘訣2. 坐姿也要講究，兩腳一前一後，氣質自然就有了！

孩子們，你們在天上都好吧！

優雅秘訣3. 眼神望著遠方，就算發呆也好美！

131

瓊瑤電影的女主角 —— 雅雅！

　　因為她的姿勢十分優雅，所以我們叫她「雅雅」！

　　雅雅來自花蓮收容所，剛進所就被排入安樂死亡名單，但是發現她懷孕了，於是逃過一劫，遺憾的是六個孩子生下都沒有存活，可憐雅雅這個小媽媽又被二度排入安樂的名單！

　　志工看不過去，把她領出來，結紮後送來北館，但是我們發現她會滴鮮血，後來又血便，完全沒有食慾。緊急送醫後，醫生說是因為結紮手術感染，傷口潰爛化膿，同時引起腸道沾黏，所以才滴血又血便，害我當場嚇出一身冷汗，怕她要再動一次大手術。台北愛生動物醫院的楊振墉院長告訴我，先吃藥1星期，實在沒辦法才考慮用刀，好在經過服藥再回診後，總算逐漸痊癒！

　　雅雅除了姿態優雅，更會撒嬌、會黏人，她一但認定了你，經常會用一雙多情的眼睛望著你！我這幾天常常忍不住把她摟在懷裡，只是驀然回首，總是看到托比幽怨的眼神……！

　　雅雅還會熱情地撲到你身上；用前腳搭著你的肩，像是一個撒嬌的小女兒；在大家搶食的當下，她會依舊優雅地坐在一旁，你給她吃，她輕輕接下，你不給她吃，她不求不搶。她雖然是個小媽媽，卻總是露出小女孩的神情，如果幻化成女子，應該可以去演瓊瑤的電影喔！

討抱討摸也要堅持優雅！

臉貼臉是氣質女孩才有撒嬌方式。

優雅！
優雅！
優雅！

就算獲得漂亮姐姐香吻，也要抬頭挺胸才美喔！

雅雅連躺著都很優雅耶！

乖乖牌雅雅玩泥巴！

　　乖乖牌雅雅破功了，黃昏散步時，竟然跑去玩泥巴！ 作案後，知道會被罵，自己跑回家。可惜被鐵門攔住，反而被抓個正著。 只好立刻洗澡，看她轉眼不知反省的快樂表情！ 唉！教育真難啊！

▼ 洗澡了，準備吃晚飯了！剛才哪個壞小孩去玩泥巴？不是我啊！

▲ 玩泥巴被發現，逃回家門，準備躲起來，糟糕進不去！

▼ 啊！好舒服！

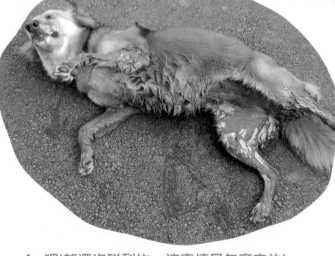

▲ 喂!都還沒碰到妳，這表情是怎麼來的!

冬山河畔的優雅淑女。

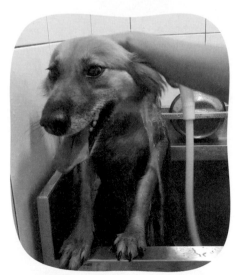

▲ 夏天洗澡，要洗熱水。

▲ 擺個姿勢拍照，耶！

浪浪女孩變身日記

從橡皮筋狗狗到
超萌姊妹

可憐啊！橡皮筋狗狗！

今晚救了一隻橡皮筋狗狗！可憐啊！脖子上纏了二條橡皮筋，整個深陷皮肉中，整圈脖子都被切割開來，好痛啊！再不救援，只怕很快就要魂歸離恨天了啊！

感謝愛媽Mi Liu緊急PO網求援，感謝梁志維從中壢趕到宜蘭救援，感謝愛媽Nai Nai Chen夫婦熱心從現場幫忙把孩子送到宜蘭北館！

剛從高雄北上的秉樹夫婦，不但愛狗，而且救援經驗豐富，聽到消息，又飛車載著我跟莉莉姐衝回北館，我們趕忙先做了第一時間的處理—把孩子脖子上的橡皮筋剪斷！

可憐啊！脖子上纏著兩根橡皮筋，整圈脖子幾乎快要被切斷了！多痛啊！孩子！妳真的受苦了！

是頑童的惡作劇？還是便當盒惹的禍？我每一次面對學校的孩子們講動保時，都要一再強調綁吃剩的便當時，千萬不可以只綁一圈，一定要對角綁，只綁一圈，狗狗會在鑽進便當盒吃剩飯的時候，被橡皮筋套住脖子，但是綁對角線，流浪狗在鑽飯盒的時候，橡皮筋會自動跳開，請大家切記呀！有的時候，一個疏忽，就可能害死一條小生命啊！

孩子只是一個尚未成年的小女生，全身爬滿跳蚤跟蜱蟲，再加上整圈脖子潰爛！令人心酸得眼眶發熱！就因為人類的疏忽與不負責任，讓妳一降生到這世上，就要承受這樣的苦楚嗎？今天晚了！只好先消毒、除蟲，明天早上再送醫救治！孩子！妳要挺住！讓我們把妳治好！我要妳健康快樂！妳一定要幸福！一定要！

又見橡皮筋狗狗，可憐的大頭寶寶

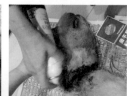

可憐的孩子！妳受苦了！

痛徹心扉！心痛！！！

■ 大城莉莉

聲聲痛徹心扉悽慘的悲鳴，二條橡皮筋勒喉，幾乎割斷了動脈，又見鐵鍊深陷骨髓的勒痕，創痕累累。經過四個鐘頭的手術，出現了比預期更加嚴重的情況，醫師說若慢二天送醫，可能就沒救了。

流浪毛孩存在這社會，民間一直努力在幫助他們，敢問政府是否應該為這片土地的子民與無辜受難的浪毛孩，釋出慈悲的善意和作為？

感謝幫助過我們的您，讓我們有更多能力資源，救援醫療更多受苦難的毛孩子們，莉丰慧民v館感恩您。

大頭妹，淒厲嚎啕……，是無法承受難捱的劇痛，

是懷著悲情世界的呻吟，是泣訴無情孽障的惡行，我發願要守護她這一輩子！

139

二度手術的大頭妹。

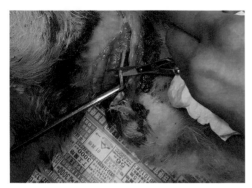

這樣的手術，每次都讓人心痛。

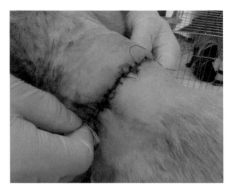

手術完成了，加油！

眼神已經溫和許多的大頭妹。

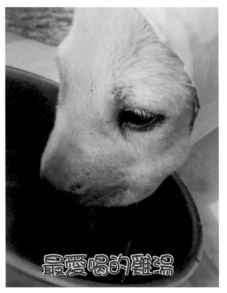

莉莉姊親手熬製的雞湯，大頭妹專屬。

大頭妹手術過後，大概因為傷口劇痛，覺得陌生的地方太可怕，所以決定逃跑！我們不知道她頂著那顆大頭，是怎麼鑽過鐵欄柵門的？經過我們緊急公告，「線民」舉報，才知她已經在幾公里外的草叢裡，天哪！

經過一天一夜守候圍捕，總算把這個頭纏著紗布的孩子抱回來了！在外面又飢又渴的大頭妹，回到家連吃二碗雞肉，加上莉莉馬麻溫暖的懷抱，她整個眼神轉柔和了！

但是因為傷口太大，一天多沒有換藥，她的散熱不良，先是中暑，又因為體液的排放不良，造成腫脹與呼吸困難，只好再進行第二次手術。

可憐啊！一再的受折磨！但是這次手術過後，她並沒有放棄生命的厭世表情喔！還會露出笑容哩！我們帶她回家休養，莉莉姐直接抱回房間！這兩天，每天喝三～四次雞湯補充營養，莉莉姐說只有大頭妹能喝，我們都不准喝耶！

醫生說她的傷口最好要抬高，她會比較舒服，對傷口也好！我們正傷腦筋，怎麼讓她願意把頭抬高呢？

結果，小妞自己找到水槽的白鐵架，主動把頭架上去，冰冰涼涼，引流管也不會卡住，天啊！真是聰明的大頭妹！

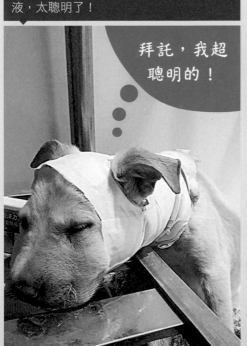

正當大家想辦法的時候，大頭妹自己找到方法墊高頭部，更讓引流管順利引出組織液，太聰明了！

拜託，我超聰明的！

莉莉媽咪，我還想要喝雞湯！

大頭妹跟大家問好！

　　在這裡也徵詢大家的意見，妳們喜歡叫她「大頭妹」還是「大眼妹」呢？這兩個名字，到目前為止，各有支持者，也各有理由，現在聽聽大家的意見吧！

　　前幾天回診的時候，醫生用力擠壓她的頸部傷口，竟然擠出一堆組織液，就這麼直接湧出傷口。但是最讓人感動的，是大頭妹就坐在手術檯上，一動也不動，一雙大眼睛裡並沒有恐懼，孩子啊！表示妳對人有信心了嗎？妳知道我們是在幫助妳了喔！

　　擠出了組織液，大頭妹的頭又消了一些，她開始轉著無辜的大眼，端詳這個世界。她會信任莉莉媽咪的懷抱，但是還是會害怕人、害怕狗！她還在一步一步的探索這個世界！

　　根據當初救援的愛媽告訴我們，大頭妹在工地時，怕人，也不跟狗群在一起，唯一信任的是一隻大白狗，因為她們常常看到大白親暱地舔著大頭妹的傷口！每次餵食的時候，大頭妹個子小，不敢搶食，只有等到狗群都散了，她才慢慢的進食。脖子上的橡皮筋，應該超過4個月了，但是沒有人能摸到她，更別提救她了！

大家好！幫我取名字吧！

最愛莉莉媽咪了！（笑）

我可是既聰明又漂亮的美眉喔！

名字想好再
叫我，我先睡
一下！

眼神逐漸流露出對人的信賴。

這個放鬆的表情，真的撫慰人心。

　　愛媽說，有一次餵食小籠包，大頭妹餓極了，一口吞下一個，但是脖子上整圈的傷，卻讓她吞不下、也吐不出。就這樣卡著，大家都急死了，她卻又拼命躲人，大家只能眼睜睜的看著她自己脫離險境。

　　大頭妹從第一天被救到北館的恐懼，開刀的疼痛，到現在所受的關愛，我想，她小小的心靈，應該很複雜吧？呵呵！在北館，每天有雞肉吃，不用再搶食，不用再飢餓，小肚肚一天天的圓起來了，臉漸漸變小，眼睛變大了！

　　脖子上的傷痕，還在回診中，但是最重要的，是她心裡的創傷，與對人類的恐懼，需要時間，一點一滴的修復。

　　我們都疼惜她，每天也都有不同的人專程到北館來看她，她永遠躲在固定的桌腳下，除非莉莉媽咪來抱她！

　　我們後來發現，如果要引她出來，最好的方式就是食物！

　　每隻狗都有愛吃的與不愛吃的，但是到目前為止，大頭妹似乎沒有排拒過任何食物，從雞肉到蛋糕、餅乾、牛舌餅……，她對食物從不挑嘴、也永遠可以被吸引！大頭妹，有點擔心有一天妳會變大胖妹啊！

大頭妹越來越可愛了！

我的小圓肚
很可愛吧！

好舒服啊～

謝謝大家的關心，大頭妹每天去羅東動物醫院換藥，清除水腫。現在越來越清秀，變成了大眼妹，也開始會綻露微笑啦！！

從小流浪的大頭妹，因為肚子餓，忍不住找便當盒吃，結果脖子被橡皮筋勒住。因為太怕人了，半年都沒辦法抓住她送醫。等到我們救援時，大頭妹的脖子幾乎全壞了。所以頭很腫，進食吞嚥困難。（難怪她最喜歡喝雞精）。

經過2次手術，每天回羅東動物醫院，何醫師做引流。現在是不是越來越可愛了！謝謝各位哥哥姊姊叔叔阿姨的關心喔！

要拍照了嗎？

這個姿勢漂亮嗎？

2016 4 19　■楊懷民

橡皮筋狗狗又出現了！

才救了大頭妹，
緊接著又來了一隻奶油妹！

　　這對姊妹花，都是橡皮筋所製造的犧牲者；都是為了飢餓，
鑽進了殘留食物的便當盒，也都是因為「橡皮筋錯誤的綁法」，
讓這些流浪毛孩為了覓食，不知不覺被橡皮筋像惡魔般的套上頸
項；套上身體、套住嘴部，有多少毛孩就因為這樣一命嗚呼？
　　就算遇救保住了性命，也都造成了永久性的傷害！
　　當大城莉莉抱著奶油妹衝進『羅東動物醫院』的時候，何醫
師與醫師娘同時大驚：大頭妹怎麼變成這樣？
　　天哪！這兩個孩子的外型真的好像，也都是橡皮筋的受害
者，把她們放在一起，真是一對「苦情姊妹花」啊！
　　奶油妹估計大概只有三個多月，因為乳牙都還沒長齊呢！何
醫師估計，應該是更小的時候，鑽進便當盒找東西吃，可能是先
伸手去撥，再把頭鑽進去，因為身軀小，所以橡皮筋像背書包似
的，卡住她的身體。就這樣越勒越深，深到手術時幾乎找不到橡
皮筋！
　　但是，因為她是幼犬，還在長，骨骼發育還不完全，勒著勒
著……，她左前肢的筋被勒斷，骨骼變形，前腳已經造成萎縮，成
為彎曲狀，這隻腳，就這樣廢了！橡皮筋的另一頭勒著她的半邊
脖子，所以半邊臉有點腫，淋巴處產生一個腫瘤，目前不知良性
惡性，但是何醫師認為目前不宜切除，以免擴散。只希望它是因
為橡皮筋勒出來的瘤，可以自己慢慢消掉！
　　只是，她已經註定是3隻腳了！不過，孩子！妳不要怕，進了
北館，妳永遠是我們的孩子，如果找不到真正愛妳的人，我們會
照顧妳一輩子的！我們一起加油！
　　大頭妹呢，現在大約週歲，當初，因為一頭鑽進了平行綁著
兩根橡皮筋的便當盒，當她頭抬起來的時候，橡皮筋的一頭套上

後頸，另一頭還連著橡皮筋把便當盒掛在下頸部，當大家哈哈笑著指著這隻帶便當的狗狗時，她嚇得落荒而逃！

從此沒有人捉得到大頭妹，便當盒弄掉了，但是兩根橡皮筋緊緊的扣住她整圈的脖子，因為怕人，又極度聰明，沒有人抓得到她，只能眼睜睜看著她的頭一天天變大。這一拖，將近五個月。

大頭妹的傷勢，其實比奶油妹嚴重更多，因為時間拖太長了！她的氣管、頸動脈都因為長期受壓迫而變形，所以她經常在一種急促呼吸的狀態，血液循環也不是很好，何醫師說：她在這種嚴重受損的情況下，雖然頭部日漸消腫，但是不敢確定她到底還能活多久！

莉莉姐每天抱著大頭妹跟奶油妹輪番回診。那天在回程的車上，說到大頭妹的狀況，說著說著，她哭了……，她緊緊的抱著大頭妹說：「我養妳一輩子，妳就是我的孩子，不用去找任何人認養妳！」

在這裡，我只想提醒大家，再度強調，綁便當盒，不要再用直接套上的方式，毛孩因為你而受傷害，你能安心嗎？

我在後面附了綁便當盒正確的方法，請大家幫忙宣導，因為我們都愛護動物，我們一起努力來宣導傳播這一個小小的動作，好嗎！感恩！

純真的眼神，讓人不捨。

術後的奶油妹。

就讓我，奶油妹，來教大家怎麼正確綁便當盒吧！

＊橡皮筋狗造成的原因

餓昏的狗，
聞到便當味道！

把頭伸進便當盒裡，
吃了起來！

哎呀！卡住了！！

拉…拉…拉不出來！

用力掙脫的結果，就被橡皮筋套住了！！

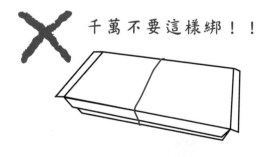

✕ 千萬不要這樣綁！！

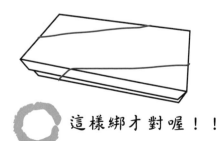

這樣綁才對喔！！

＊一個順手小動作，可以挽救一條生命，感謝您！

（圖片繪製來源：參考網站）

148

牽掛～
大頭妹與奶油妹。

　　大頭妹妹約1歲，因為頸動脈食道，二條橡皮筋深割五個月，加上鐵鍊的勒傷，流浪時有一餐沒一餐的，腸胃也嚴重受損，手術後也無法完全復原，每天急促的呼吸，全身顫動的身軀，救援回來25天，跟醫院賽跑了二十天，天天讓我們驚心膽跳，深怕她隨時斷了氣，停止了呼吸。

　　奶油妹約四個月大，研判二個月大時，橡皮筋由頸部斜套入左前腳腋下，這二個月來的成長，橡皮筋深入了體內，割斷了整個頸部及左前腳韌帶，也割傷的頸椎淋巴，左前腳全斷了，頸椎淋巴也長了腫瘤，手術後第五天了，復原狀況比大頭妹樂觀，祈望腫瘤能隨著成長而復原。

　　明天要出遠門十天，24日大家聚會台南莉丰慧民V館，為毛孩子們盡份心力，25日要前往大陸出差，準備行李時，望著二個苦命的孩子，還在和病魔搏鬥，懸掛擔憂的心，怎麼放的下啊！

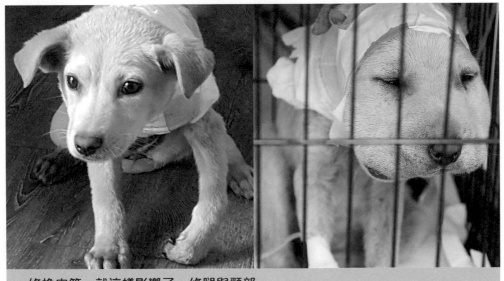

一條橡皮筋，就這樣影響了一條腿與頸部。

苦情姐妹花之後續。

　　同樣橡皮筋受害的大頭妹和奶油妹，姊姊大頭妹因為流浪受苦好久，非常自閉，大頭積水難消。

　　奶油妹是才幾個月的幼犬，左前肢被橡皮筋勒斷，註定殘廢，可是年幼的奶油妹天真，較少受流浪之苦，一下子就很活潑好動！

　　狗是很忠誠的動物，對他一點好，他就一輩子跟定你。看看大頭妹和奶油妹的康復狀況，更對她們的遭遇不捨。這對苦情姐妹花，就住定北館了吧！

2016 4 26 ■楊懷民

大頭妹與奶油妹玩起來啦！

　　大頭妹略帶自閉，對人有警覺性，但是絕頂聰明，臨危不亂！奶油妹入世未深，童心未泯，雖然殘了一肢，卻絲毫不影響她親人與好動的個性！

　　大頭妹開始時，誰要抱她，就先咬人自衛！漸漸的，只肯接受莉莉姐擁抱。一直到現在，她可以安穩的坐在不同人的臂彎裡！但是真正把她從角落裡帶出來的，卻是奶油妹不設防的赤子之心！

　　奶油妹會主動的找大頭妹玩耍，大頭妹從初時的相應不理，演進到兩姊妹合力咬破紙箱，厲害吧！

　　今天因為發現大頭妹有毛囊蟲的跡象（愛生的楊院長說，狗狗經過大手術之後，往往造成免疫力失調，毛囊蟲很容易趁虛而入），就診後，必須噴藥治療，我才噴了兩下，大頭妹受驚，竟然衝出她常臥藏的角落，跑到奶油妹的陣地請求庇護，個子較大的大頭妹，躲在個子小的奶油妹後面！那個畫面，實在太可愛，必須跟大家共享！

　　但是，有一點遺憾的是，醫生說，因為大頭妹的頸部受創過重，傷及循環系統，所以積聚在頭部的體液，排除很困難，只能靠組織自己用極慢的速度吸收，所以目前殘留在頭部跟頸部的腫脹，恐怕很難消除！

　　如果一定要讓她恢復完全正常，必須把舊傷切開，重新建立循環系統，同時切除贅肉！再讓她動一次大手術？我想，沒有人會忍心，大頭就大頭，誰在乎呢？

大頭就大頭，誰在乎！

逃離刀口的英挺虎斑

多災多難只為證明愛

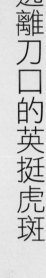

多災多難的虎斑

　　我們來到宜蘭後救援的第二隻狗，是虎斑狗，取名叫「斑斑」。2015年8月23日上過電視，東森新聞台以「從香肉店逃脫，虎斑狗……」為題報導、也有不少人在臉書上分享斑斑的故事，很多宜蘭人都知道，一隻虎斑狗，腳背紅色線綁著在雨中奔跑的情景或照片。

　　斑斑是在宜蘭礁溪鄉的龍潭湖被成功救援，被發現時，後腳被綑

斑斑的雨中奔跑的身影是宜蘭人都忘不了的一幕。

斑斑是我們的一份子囉！

掃不到斑斑？

媽媽呢？

斑斑吃飯囉

斑斑！眼屎擦一下喔！

斑斑不怕喔！

斑斑！我們來散步！

斑斑！雖然走得又慢又不穩定，還是陪你慢慢一步一步走！

綁，前腳和胸口附近都有類似刀傷的疤痕，而且右前腳腫脹，推測小虎當時前後腳都被綁住，自己咬斷前腳的繩子才逃脫，徐文良研判：「腳會那樣綁，就是狗肉販準備放血宰殺的時候，把狗倒吊」，因此懷疑可能是從香肉店脫逃。

身上多處傷痕

腿上的綁痕

2015年8月，當時北館興建中，沒有圍籬，但斑斑還存有驚慌恐懼的記憶，不願走出室外一步，憋了三天尿，還是不敢出去。我用牽繩硬拖著他出去，發現他總是對著天空發出如小鳥般細細的叫聲。第一次聽到時，我還很認真的抬頭眺望四周，發現沒有小鳥，才知道原來是斑斑發出的聲音。斑斑的血淚故事引起社會廣泛關注，看到報導後，很多人想要認養，但斑斑一直有恐懼感，排斥人靠近他。後來斑斑開始跟我熟悉後，會跟著我到房間，漸漸融入與其他狗兒們的生活。

令人想像不到的是，杜鵑颱風突如其來的襲擊，讓建設中的北館，不敵風大雨大，窗戶應聲破裂，牆破燈倒，讓狗狗和人們都措手不及。工作人員從北館離開時，因為空間有限，當時還有五隻狗無法帶走，斑斑是其中的一隻。颱風過後，北館重建，必須要幾隻狗暫時安置在其他地方，於是將斑斑送去南館。斑斑像是捨不得不想走一樣，我還跟牠保證一定會回去看他。

年初，南館新增建設醫療室，工人進進出出，一閃神，斑斑趁機逃走。為了尋找牠，我幾度南下至收容所尋找，路過許多寺廟，拜求過許多神明，借過一座座墓園，徐文良園長的母親更是向許下承諾，希望能順利找到斑斑。我也在心中默默許下心願，若能找回斑斑，我會將他接回北館，留置身邊，也會再幫助更多受苦難的同伴。

是上天垂憐，聽到我們的聲音嗎？七個月後，我們接到「灣收」

救我，醫生好可怕～

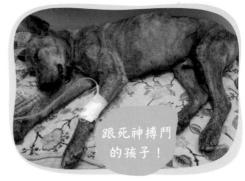

跟死神搏鬥的孩子！

不要怕，不要怕，媽媽在這！

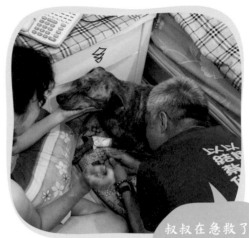

叔叔在急救了，孩子你要挺住啊！

來的電話，斑斑被捕捉進了灣裡收容所，當初我們救援斑斑時，幫他醫療結紮值入晶片，晶片讓我們找回了斑斑。

　　然而開心找回的斑斑，因為流浪受的苦難，傷痕累累又中了艾利希體，接回館後，突發感冒發高燒到41度，貧血嘴唇泛白，醫師說：「斑斑情況嚴重，若血小板和鐵紅素下降，將必須緊急轉送台大醫院輸血，而也有可能隨時就走了⋯⋯。陪伴吊點滴的斑斑，我緊緊握住這孩子的手，看著歷經滄桑的臉龐，忍不住淚流滿面，都回到家要幸福了，怎麼命運如此捉弄我們？

　　每一隻救援毛孩子的背後，都有一段叫人辛酸與溫馨的故事，滋味自在人心。斑斑經過兩天的點滴，和他堅強的意志，終於脫離險境。由斑斑的故事中，讓我們更明白、懂得愛與關懷，是人與毛孩子共同奮鬥生存的力量。

不離不棄護母遺骨

平平安安的
動人靈性

最寶貴的靈性！

生命誠可貴，恩情喚不回，無語問蒼天，滿地相思淚。
思念與恐懼伴母頭骨相依偎，純真心靈訴說著依戀母親情結。

　　上週南下，北回宜蘭在西螺休息站時，楊懷民大哥傳來一則文章是：「浪毛幼犬伴狗媽媽骨頭，棲息溪湖岸邊，愛媽六次埋屍骨，幼子六次叼出犬媽遺骨骸依偎。」商討後，我們決定出手救援收編，也一起接回犬媽的遺骨，讓忠誠與靈性的愛，延續在宜蘭北館。

　　回北館的路上，天際七彩虹一路伴我們返歸家園，是狗媽滿願感恩的呈現嗎？ 車裡沒娘的孩子，竟也特別乖巧，認命安穩相依偎著，沒吭一聲。

　　車到宜蘭，我們先送二隻小幼至醫院做健康診斷，回到館裡驅除跳蚤、壁蝨，再將犬媽骨骸置盒，蓋上往生被聽經佛法。兩幼犬取名「平平」與「安安」，願狗媽安息，也祈願天下浪浪終有歸屬，有家人疼惜，平平安安幸福。

感謝愛媽吳麗紅提供圖片。

平平安安的日常

平平安安長大了

平平安安，平平安安地長大了。

台灣米克斯就是這麼棒

大黑的超強生命力

賞你老王 ……八個雞蛋！

　　昨晚鄰居老阿伯，來拜託我收留他飼養在農田的大黑狗，阿伯哽咽說著：「大黑很聰明很乖又忠心，他養在農舍兩年多，鄰舍老王一直看不順眼，放話說要打死大黑。」看在敦親睦鄰份上，我答應了阿伯。

　　今早阿伯帶來大黑，嚇壞我！驚叫喊出懷民大哥，我們急忙將大黑送至羅東動物醫院。因為……，還是慢了半夜天，昨晚大黑被鄰居用鋤頭棍往死裡打，棍子直插入嘴巴裡撞打，大黑臉腫的像「麵龜」，右眼受傷，舌頭也幾乎斷掉（何醫師說縫了三層），上下顎脫臼，嘴裡舌頭、牙縫，插了密密麻麻的的木屑刺……。

　　感謝何醫師，推掉其他客人，一次又一次的，沒有預約，幫我們緊急處理手術。傍晚我們將大黑接回館裡休養，大個兒的他一定非常痛，卻可以讓第一次接觸的我們撫摸擦藥，擦拭滿嘴臉血泡沫，心裡真的很難過。

老王啊！何苦下此毒手，給你吃八顆蛋！

嘴裡滿是密密麻麻木屑刺！

連舌頭都斷了！

多謝何醫師，總是兩肋插刀救治毛孩子。

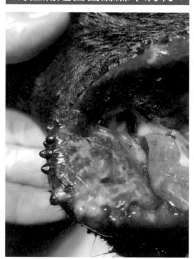
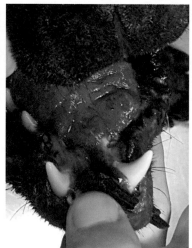

生死一線間 ——「大黑」重生！

2016 8 26　■ 楊懷民

重生的大黑，熱情愛玩！

　　這個受虐的孩子，展現了「台灣米克斯」超強的生命力，他每天都在進步，他忍著痛，要吃！因為他知道，只要能吃，就有體力！

　　十一天前，大黑被人打得滿口血沫、舌根斷裂、口腔糜爛、滿嘴木刺……，我們抱著這個孩子，心疼不已。

　　現在的大黑，活蹦亂跳、親人黏人，可是陪著孩子一路走過來的心情，卻如撩過冰山火源，難以形容，看著眼前的大黑，心裡只有五個字「感動與感恩！」

　　大黑手術回來的第一天，完全不能進食，肉罐、雞湯，他都沒有反應，我們用針管灌進去的液體，大部分都流了出來，因為舌頭不能動彈啊！

我跟莉莉姐、張醫師商量，不能眼睜睜看他餓死，明天得送他去打點滴輸送營養品了！沒想到手術24小時後，他居然掙扎著去舔碗裡的肉罐！看到他能吃了，啊呀！那種開心啊！

大黑開始能跑能跳，喜歡在園區活動，我們一叫就會過來，不管是叫「小黑」還是「大黑」，只要有個「黑」字，一聲「黑呀」，他就知道是在叫他，可愛吧！

他會跳我跟莉莉姐，跳著撲向員工小如（因為小如是美女），他充分表現出對人的親善，表現出對人的忠誠，他懂得分別善惡，雖然被虐得那麼慘，但是在他心裡清楚明白，直接忽視了那個吃了八顆蛋的人渣老王，他知道，人還是可以信任的，對不對呀！大黑！

昨天我抱著大黑，他舔我臉頰；用牙齒輕咬我的下巴；還繞著莉莉姐打轉……。我們希望，大黑！因為你的大肚量不記仇，因為你對人類的信心，你永遠會獲得人類對你的關心與愛！

忠誠的捍衛

笑得開心喔！

幸福的咬咬

大黑會舔我了

大黑的英姿

受創的孩子，重新感受幸福！

　　照片中的3個孩子，都面帶歡愉的坐等食物，誰能想到，他們曾經遭到什麼樣的磨難？

　　最右邊的「大黑」，才被人用木棍把嘴都戳爛，舌根戳斷、門牙捅斷。但是，現在他能夠乖乖坐著等發零食，那種既心酸又感動的情懷，只有抱著他的時候才能體會啊！

　　中間的是「天恩」，當初只剩前後兩肢、渾身惡臭的躺在龍潭湖畔，我永遠記得他那無神的雙眼，一副「隨便你們處置」的無奈。有狗靠近，立刻疵牙，像一個固守最後尊嚴的老者！如今的天恩，與狗群和平相處，園區自由活動，每個人都疼他，這孩子簡直脫胎換骨，笑口常開啦！

　　最左邊的是草哥（阿草），因為他來時身上沾滿了鬼針草，全身的毛幾乎全打結，不但骨瘦如柴，最可憐的是，連腳底的皮都磨破了！我們都記得，阿草剛來的時候，一口氣可以吃三大盆飼料，真的是餓慘了！現在草哥在園區裡，親人，人緣好！親狗，狗緣好！最大的長處，任何籠子都關不住他，他都有辦法逃脫，最大的致命傷......，貪吃到不行，哈哈哈！

　　這3個孩子這樣同時坐著，表情歡愉，對宜蘭北館的員工來說，是最大的鼓勵和安慰啊！

風靡北館獨眼帥哥

重拾自信的
大黃

搶救大黃任務漂亮出擊！

流浪的大黃狗全身爬滿了千千隻壁蝨，也不知道什麼時候眼球爆露了、腳殘了。一星期前，又因為爭鋒吃醋搶女友，被群同伴咬得傷痕累累，傷口發炎感染，眼球惡化潰爛出血……。醫師診斷、研判大黃身上的重傷，是因是車禍撞擊造成，就連整個下顎也斷裂。

接獲文良傳來影片，看這孩子的慘狀，我們決定出手搭救，可是……，文良師父昨日已經回南館，教徒弟如何是好？抱著試試運氣，取出尚未開封的青龍箭，趕緊與表弟政宏，飛車飆至頭城東北角海岸，一群愛媽與獸醫師已經在現場幫忙尋找，不親人不親狗的「大黃先生」。

炎熱艷陽天，曬得全身熱烘烘濕透透的我，真後悔出門前，忘了塗一整瓶防曬乳液。感恩老天神佛看到我們的悲，聽到我們祈求的聲音來助力，遍尋不著的目標出現了，一翻追趕跑跳碰，青龍箭第一次出鞘，準確中目標，完成文良師父交代的美麗漂亮第一次任務。

全身傷痕累累的大黃。

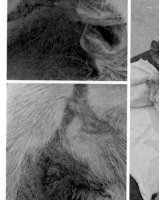

皮膚滿是壁蝨，眼球也潰爛爆露

撞壞的眼睛，情形讓人不忍。

傷勢嚴重的獨眼大黃狗！

　　前日救援大黃狗，傷勢比想像更嚴重，右後腳斷了，右眼球爆露，細菌感染壞死，下顎斷裂，全身壁蝨傷痕纍纍。

　　感謝桃園新時代，林醫師，星期日停休，緊急幫大黃狗手術拆縫右眼，清創縫合了無數潰爛的傷口，順便也去勢結紮。最嚴重是斷裂的下顎，用三條骨科專用鋼鐵線固定，預定三～四週才能拆解，進食服藥都很困難，復原時日漫漫長長，然而，已經剪耳的大黃卻尚未結紮，約2歲（剪耳是流浪毛孩子們結紮的識別），更常常為了爭女伴，被群狗咬的傷痕累累，總是死去活來的。

　　真不知道當初是哪位大德所為，不結紮卻剪了耳朵，流浪已經夠悽慘悲哀了，還開此大玩笑，賺這黑心錢，良心何在！

　　感謝美麗慈悲的 Ruru Tsai 和我們一起承擔大黃龐大的醫療費，大黃估計約一個月後才能出院，復原路還很艱辛漫長，我們不放棄堅持的愛與信心，與大黃一起努力，謝謝所有關心大黃的朋友，感恩！

大黃右眼先行縫合處理。　斷裂的下顎要動用三條鋼鐵線固定。

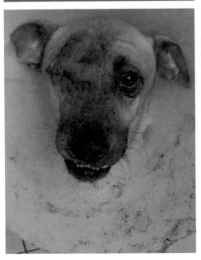

角度不同，美麗不同！

大黃狗長相不怎樣好看，常為了爭女伴打群架，每打必敗 傷痕纍纍，全身密密麻麻的壁蝨，又遭車禍嚴重撞擊，右腳斷了，下顎聯合斷裂，手術取出發炎潰爛的右眼球，變成獨眼龍，真的是醜上加醜……。
今天來醫院看你，帶你放風，許你未來，為你取名「帥哥」！

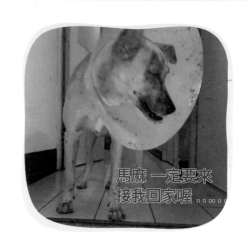

馬麻 一定要來
接我回家喔……

你娘我跟你保證三個月後，園區一群女伴將會追逐圍繞，英勇帥氣的你！

渾身傷痕的「帥哥」，快樂返家了！

你相信狗狗是有自尊的嗎？

他因為車禍，眼球爆了一隻，下顎裂成兩瓣，從牙床下一路向後延伸斷裂七、八公分，身上傷痕累累，殘了一隻後腳，我們叫他「帥哥」，不管他懂不懂，我們只是希望他能夠傲然站立，做一個信心十足的幸福孩子！

原先餵養帥哥的愛媽稱他「黃大哥」，因為他戰性堅強，經常為了母狗爭風吃醋，狂戰群雄，只是……，永遠只輸不贏！可憐的帥哥，沒想到碰到黑心獸醫，收了錢，卻沒做手術，帥哥依舊堅毅不撓的做他的情場敗

雖然縫上了一隻眼，但看來很像
是在俏皮地眨眼呢！

雖然只能用3隻腳走路，但
是，健康就好！

將！

　　因為車禍，帥哥受了更多的苦！因為送醫，我們才發現：

　　他沒有真正被結紮，所以異性永遠是最大的誘惑！

　　他的下排犬齒是歪斜的，上下犬齒咬合不正，造成他咬人不痛，所以，他打架永遠是輸家！

　　住院24天之後，我們帶著「帥哥」回到宜蘭北館！在車上，這個孩子笑得好開心！

　　雖然被摘除了一邊眼球，下顎被綁上了三圈鋼絲還不能拆除，每餐還只能吃打成漿狀的流質食物，身上的傷痕與殘腿，成為他的另一種標誌！

　　但是，他依舊展現親人的個性，只是必須先從他看得見的那一側摸他，如果從瞎眼的地方摸過去，他會緊張，因為是一種新的適應啊！

　　流浪的日子裡，戰爭，是唯一自保的途徑！所以他對北館園裡不熟悉的狗狗，依舊齜牙不退，也許，在他眼裡，跟人類比起來，同類的侵略性似乎更強？

　　帥哥啊！在這裡沒有人會歧視你，但是你要學習謙遜跟合群，把自信留給自己，讓陽光從你身上散發出來，好嗎？

小幼幼救援記

閃閃惹人愛

從驚嚇中回神，安穩地生活的閃閃，笑容動人！

魂飛魄散的小黑幼！

小黑幼約二個月大，被人惡意帶去丟棄在工廠。

堆積滿棧板的庫房，恐懼害怕的孩子，驚慌失措的鑽到最裡頭去，頭身卡住動彈不得，「該該叫」了二天一夜，由哀號哭泣聲，到氣喘聲漸漸聽不見聲音......。

望著滿庫房，層層疊疊的棧板，不知該如何能救出小幼時，有位好心阿伯借來堆高機，把棧板一一移到外頭，終於在最死角落的板縫裡，救出了奄奄一息的小幼幼。

救援出來的小幼，緊急送醫，該檢查治療的都做了，但是小幼還是不動不吃不叫，失去了魂魄、眼神呆滯，就這樣又過了二天了，令人很心疼難過。

祈願～關懷與愛，能撫慰妳受驚嚇的身心，早日康復！

當黑暗來臨時，天上星星是最閃亮的，許妳幸福的未來，為妳取名「閃閃」！

小黑幼不吃不動，讓人心疼。

疊得又高又多的棧板，還好有位好心阿伯出手幫忙，順利救出小黑幼。

即便獲救了，仍然眼神呆滯。

閃閃一笑很傾城！

終於不再是隻呆滯的小狗狗了。

開始認識新朋友了。

　　在工廠被困兩天，哭到聲嘶力竭，變成呆滯的小黑狗，帶回北館幾天了，所有人卯足了勁，想辦法讓小可憐回魂！

　　莉莉姐一直抱著給予溫暖關懷，楊大哥耍寶想逗她笑，美食的誘惑當然也是需要的！直到今天早上，一直僵直狀態的小黑，突然展顏笑了。大家終於放下心中憂慮，好開心！

　　莉莉姐將她命名「閃閃」，閃閃一笑果然好動人！

2016 9 26　■ Vincent Chang

暖陽閃閃融冰封！

　　感謝美麗善良的仙女姐姐，帶來親手做的好吃餅乾，閃閃有胃口吃東西了！好奇的看看周圍，雖然還是找不到媽媽，最後終於枕在陪伴她的企鵝上，安心的睡著了！

　　媽媽怎麼不見了，在工廠被困二天，哭到聲嘶力竭，變成全身僵直，完全呆滯，自我封閉，對外界全無反應。帶回北館幾天，所有人卯足了勁，想辦法讓小可憐回魂！在莉莉姐「收驚」後，終於露出了怯怯的笑容！這孩子終於打開了閉鎖的硬殼，開始有反應了！

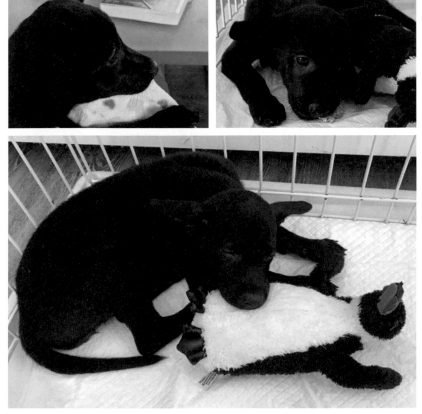

閃閃有了新床伴，睡得安穩。

逐漸敞開心房，出現可愛表情了！

如春融冬雪般敞開心房的閃閃！

　　我們都知道，春天來時，冬雪必然融化。可是一個被驚嚇到痴呆如木的毛孩，多久才能恢復天真活潑呢？

　　坦白說，剛開始，閃閃幾天完全僵直不動，真的讓我們抱的希望愈來愈渺茫。然而當冰封的心，第一次打開隙縫後，如整片黑暗出現一線曙光。那光明的感覺讓人無限欣喜！

　　2星期後，再回到北館時，每個小孩又叫又跳的圍過來報到時，我還同時忙著認識這段時間新加入的小朋友。一片忙亂中，只覺得腳下有個小不點特別吵鬧，叫聲驚人！仔細一看，這不是閃閃嗎？似乎為了沒受到重視，正嚴重抗議呢！

　　如細芽之能破土而出，小小生命的力量，真是不可小覷啊！

那個飛躍的黑狗身影，就是閃閃！　　　　　　　閃閃和其他狗狗家人開心的生活著。

閃閃超萌6連拍

毛小孩最溫暖的家
莉丰慧民V館 — 宜蘭北館

家，應該是有溫度的，這樣的溫度足以抵擋寒冬躲避狂雨，讓心安定。這樣的溫度必須倚靠家庭成員們對彼此間無私的愛才能加溫持久。對於流浪在外的毛孩子而言，「莉丰慧民V館」就是蓄存了滿滿的愛，充滿無限溫暖的「家」。

歡迎來到我們
最美麗的家！

當初看上的是，四周優美的環境！但是颱風來襲時，完全無屏障！

　　這處由大城莉莉、楊懷民、王丰、徐雯慧、張國彬醫師
(Vincent)，五位為了毛孩子不惜付出一切的好朋友，一同出錢出力，
甚至是傾家蕩產所打造的家園。

　　宜蘭北館坐落在傍著冬山河的武淵村裡，獨棟的白色建築四周盡
是綠油油的稻田，空曠的綠地還有極佳的視野，正是當初選擇在此成
家的一大主因，為了給流浪狗兒一個安全無虞的生活，又不希望打擾
到鄰居，幾經思量才決定建在宜蘭冬山鄉這處空曠的地方。

　　才到美麗的園區門口，由一群毛孩子組成的迎賓小隊便等不及要

成列歡迎，此起彼落的歡呼聲，還熱情的手舞足蹈搖尾巴，幾個毛孩更不時上演跳躍飛奔的戲碼，彷彿把每一位訪客都當成貴賓。進入園區後，可以盡情在藍天綠地裡和毛孩子奔跑嬉戲，又或者坐下來喝杯咖啡，一邊與撒嬌討愛的毛孩們搏感情，感受著孩子們柔軟的心，凝視著一雙雙單純的眼神，也難怪每每來此總讓人依戀不已。

　　然而，眼前北館的溫馨與美好，卻不是唾手可得一帆風順，期間其實歷經了許多磨難與煎熬；直到現在，每每回想起從荒蕪中重生、經歷兩次颱風時的驚恐與無助，長駐北館的莉莉姐和懷民哥，仍不由自主地紅了眼眶。

帶著毛孩子一起監工

　　這一切得從興建北館談起，因為想給孩子們一處好環境，又能兼顧往返交通與醫療上的便利，好山好水的宜蘭便成為首選，在人土皆不熟的情況下，光是選地就不容易，選定了地點要找人興建又是另一難事。所以，原定2015年2月完工的北館，遲至同年6月都還無法交屋，工程嚴重延宕，平日忙著拍戲和台、日兩地奔波而無法監工的懷民哥和莉莉姐心急如焚，最後終於當機立斷下決心拼了！兩個人帶著十隻毛小孩，提前搬進北館工地，一邊就近監督工程進度，一邊也能讓孩子們有個居所。

　　說是住進家裡其實還不如說是住在工地，裡頭沒有家具、無法舉炊，屋外還是廢石子路。雪上加霜的是，長久住在台北的懷民哥以及

日本的莉莉姐，並未料到宜蘭的多雨程度遠超乎想像，每到下雨的日子，雨勢之磅礡，屋外根本成了一片泥濘，為了怕毛孩子們受傷、危險，根本不敢讓他們外出，而孩子們的活力無限，只能讓他們在屋內大廳奔跑嬉戲。

把屋內當野外的後果便是，孩子們爭先恐後的爭地盤，大咧咧的尿尿、大便，以宣誓主權；這下可樂了孩子卻苦了大人們。北館草建時期沒有員工，只有莉莉姐和懷民哥，還有風塵僕僕從嘉義北上得轉四次車才到得了宜蘭的張醫師。只見三個大人丟下了明星、老闆、醫生的身分，捲起袖子趴在地上撿屎擦尿，死命的擦地清理，這頭理完換那頭，一天下來早已蓬頭垢面忘了形象，這也是那時屋內最常見的場景。為的只是讓孩子們有個乾淨的棲身地。

1. 廣大後院的原始模樣。這樣的環境，我們就住進來了！
2. 這樣的環境，我們就住進來了。
3. 雖然成形，但四周仍是狼籍一片。
4. 北館大型機具鋪設車道中，我們就住在房子裡。

北館風災後

天災的無情考驗

　　但是噩夢還不止這樣，除了工程延宕的人禍，還有天災的考驗。

　　2015年8月才搬到宜蘭沒多久，被評定達「猛烈」程度的蘇迪勒颱風來襲，眼看北館沒有任何防颱設施，聽從了鄰居們和好友們的勸告，幾經考量才決定離開，一部四門轎車，帶著十隻狗、鍋碗瓢盆，在月黑風高的雨夜裡，倉皇逃離了。

　　隔天，重返家園。環視全屋，竟有三到四公分高的積水尚未退去；因為沒有做好防水設施，處處漏水。懷民哥怒找建商，對方竟然回覆：「我忘了做，會補做。」過了幾天，拍胸脯保證已經做好了的防水，殊不知，讓他們更吃足了苦頭！懷民哥回憶時不禁嘆了口氣：「與這樣的建商打交道，隨時都有不同的狀況出現，每天都像在做惡夢一樣。」

　　蘇迪勒颱風過後的兩個月，又響起颱風警報，這一次的颱風名叫杜鵑，要命的是，又是個強烈颱風。這時候，北館還在如火如荼進行興建工程，莉莉姐和懷民哥一如既往，忙著救援受難流浪狗，照顧這群重生的孩子們。向建商確認建築物都安全無虞後，心想這回終於不用跑了。

　　沒想到……，颱風當天下午，館內幾個人，包括懷民哥、莉莉姐

和她的外甥媳婦阿娟，還有司機猩猩，忙著搬沙包、綁門，風勢逐漸增強，大雨打在身上宛如被石頭K到一樣痛。由於北館離海很近，杜鵑颱風挾帶強風豪雨掠過蘭陽平原，長驅直入，原本為了不讓興奮的狗叫聲擾鄰而刻意獨自矗立農田間的北館，彷彿成了杜鵑攻擊的目標，傍晚，風雨又快又急，才30分鐘，屋內就開始淹水，緊接而來的是停電、停水。

建商拍胸脯保證已經做好防水的話語言猶在耳，但對懷民哥等人來說，淹水的噩夢又來了，且攻勢更強更猛。房間漏水、停電，整個天空瞬間暗了下來。禍不單行的是，樓牆板被風吹破，一看才發現只做了內外兩層，如同空心牆一樣。

莉莉姐想起好朋友的叮嚀：「風大的時候要開窗，使其對流」，她也顧不了狂風直接掃進，仍然開窗讓強風有空間循環，但即使如此，屋頂還是被暴風給頂裂了。二樓莉莉姐房間的吊燈，燈泡一個個掉下來，六個全摔在地上，破了；水銀粉散落四處；小辦公室的牆面、設備、商品全都毀了，滿地狼藉；人和毛孩子被風雨步步逼退，只得從房間到大廳再往後頭的成犬室撤，一路退到最後一間。平日聒噪的哈吉、毛毛，像是被嚇壞了，全部噤聲，緊緊窩在他們的身邊。

颱風真的好可怕！

191

我們要重建家園

心換心，情換情

　　其間，懷民哥的好友，也是北館的室內設計師黃煜，不顧安危，趕忙遠從台北開車到宜蘭，但風勢實在太大無法前進，中途電話聯絡上後，懷民哥感激又心疼好朋友的心意，只能懇求他快點返回台北去。

　　同時間，懷民哥也打給消防隊的朋友李冠男求助，這時因風勢太大，消防隊的小車都被吹翻，無法馳援，中型車也出去救難了，李冠男應允中型車回來後就立即出動到北館。當時剛到職不久的司機猩猩，原來下班回家了，但眼見風強雨驟，實在不放心，又開車回來。

　　這時候李冠男也開著消防車隊中型車來了，因為車上的空間有限，他見面第一句話：「現在很危險，人先撤走，狗恐怕裝不下」，這句話對將所有毛小孩視如自己小孩看顧的莉莉姐與懷民哥宛如晴天霹靂：「狗不能走，我們也不走」，就這麼僵持著。猩猩的七人座車趕到，硬是塞了五個大人外加一個六歲小孩，還有八隻狗……，而冠男的車卻在迴旋時卡在爛泥裡動彈不得……。正讓大家傷透腦筋時，一部如March般的小型車緩緩駛進北館，在羅東曾有一面之緣的救狗人方秋琴擔心北館有危險，就不顧老公勸阻，冒雨前來救援。

　　成犬室裡四、五隻比較不熟的毛孩子，不敢冒險帶著走，怕勉強帶走，危險性增高。於是莉莉姐和懷民哥忍痛決定，讓無法離開的孩

192

勇敢的女人在風雨中走向家園

子們進籠子，把籠子架高。就這樣，一群人和毛孩子擠上大、小兩部車，冠男在車裡等待同事來救援，莉莉姐背著狗，帶著熱水壺、手電筒，搭上車撤離。車駛離時，她回頭望，原本溫暖的家像是紙糊房子般殘破，無限心酸湧上心頭，心中祈禱著風雨不要再來……！

這驚悚的十幾小時，令懷民哥非常難忘：「在那樣的天候出來救援，不是每個人都做得到的。而且他們大多是新朋友、新員工，大家都沒有不聞不問。」

他哽咽著說：「是情字使然，一如我們救援流浪狗，不認識的人救援我們一樣」。懷民哥下了個結論：「世界不就是這樣？心換心，情換情！」。

當夜，猛烈風雨讓莉莉姐和懷民哥輾轉難眠，擔心北館無法隨之撤離的孩子們，是否安好。天微亮，兩人就急急請秋琴載他們一路開回北館，到了家門前的路口，大水淹過路面，分不清是稻田還是道路，因為擔心車子掉進田裡、溝裡。兩人下車涉水回家。快到家時，莉莉姐忽然對著懷民哥尖聲大叫：「哥哥，房子還在」，激動得幾乎落下淚來。

事後，莉莉姐談到這段回憶時：原本心想房子都被風雨毀了，有點不忍心看，雙手捂住臉，又忍不住透過指縫往外看。哇哇！房子沒被吹倒。立刻三步併兩步，衝進屋內，看到孩子們都安全，心頭的大石，終於落下。

一點一滴，重整家園

　　強颱肆虐過後，大家重返北館。懷民哥清點之後發現家毀了一半、辦公室全毀，這才驚覺牆是空心的，房子的防水功能完全沒有，室外水沒淹進來，室內卻自己淹了約半公尺！收藏品、瓷器、商品，全部散落一地，電腦等辦公室設備，鐵櫃變形打不開，全部毀掉。幸而後半部的房舍，因為是自己監工，未受颱風侵損，也才能成為無法隨著到他處避難的毛孩子們，在風雨中有地方得以安穩避風。

　　「我也曾經想過，發生這樣的狀況，怪不得別人，經驗不足，光有熱誠的心是不夠的」，懷民哥沮喪地說。

重整家園、一點一滴，全是北館人和熱心朋友幫忙。後來改請了設計師黃煜介紹的潘師傅，巧合的是，潘太太也是愛狗人士，一聽是懷民哥和莉莉姐等人的需要，告訴他一定要幫忙到底。有了潘師傅的好手藝，北館重整如虎添翼，屋頂重新做過、外牆加兩層，從日本訂了空心水泥磚，又花五百萬全部重修，現在在屋內幾乎聽不到雨聲。也因為每次風雨就停電，還買了大型發電機；繞著整個房子裝設防颱窗、鐵窗，電動門；因為感受到宜蘭天氣的缺點，11月到2月，晴天不超過一星期，也加裝八部除濕機，避免狗狗因潮濕生病，一切的建設，都是為了保護狗狗而設想！

北館真的好
舒服喔！

室內設計師黃熠打造的北館大廳

好友攜手打造毛孩天堂

　　其實，辛苦建立宜蘭北館，是為了方便北部的朋友，它並不是莉豐慧民V唯一的流浪狗園。

　　莉豐慧民V目前有台南南館與宜蘭北館，南館成立三年，當初先由大城莉莉愛心創館，她與徐雯慧兩個愛狗的女人，篳路藍縷、克服萬難，後來再添機師王丰，一路打下了如今的規模！

　　北館再由大城莉莉、楊懷民、張國彬醫師（Vincent）草創，從開始的購地、自建；到創館之初，一切雜工、海報全部自己來，員工也只有莉莉姐的外甥媳婦阿娟與司機猩猩二人，一直到逐漸找到心意相同與擁有各自技術專長的員工──美女修容師小如與資深導遊政宏以及按摩大師雲哥，再加上原來的嬌顏辣媽阿娟、建地老手猩猩，大家同心協力，總算慢慢穩定，但是這一路走來的顛簸震盪，在莉莉姐、懷民哥與張醫師這三個身歷其境的人心中，真的是如人飲水、冷暖自知！

　　五個好朋友出錢出力，不但愛狗、救狗，更重要的是宣導『尊重生命、愛護生命』，懷民哥也應邀帶著北館的毛孩們到各中小學、各各單位去演講、宣導，從下一代打下尊重生命的基礎！

　　目前的南館有一千多隻狗，莉丰慧民V的姐妹園區「徐園長護生園」有二千多隻，大部分來自全省各收容所即將要被執行安樂死的「死刑狗」，現今又不斷的添加醫療設備、器材，不斷救援了更多車禍、重殘的流浪生命！

　　宜蘭北館2016年才起步，正一步一腳印的步步建設；一命一結緣的救援生命，因為要做的事情還有太多太多，讓懷民哥無暇繼續接戲；讓莉莉姐無法回日本照顧生意；讓張醫師把門診手術時間濃縮成一星期三天⋯⋯。但是他們把每一隻救援回來的毛孩，不管是斷腿殘肢、抑或是癩皮瞎眼，都當作家犬一樣的醫療照顧，一樣的憐惜關愛，只希望北館能夠一天天的步上軌道，讓他們可以努力的把商品銷

售出去；可以做更多的救援，因為這些收入都是維持北館營運的經費來源！

莉丰慧民Ｖ館，希望傳導的是正向的理念，這結拜的五個兄弟姊妹都很了解，救援流浪動物，除了實際的救援行動，更重要的是基本觀念的傳導，他們要讓年輕的一代了解，什麼叫做「尊重生命」，這樣才能從心底做到不遺棄、不虐待！

如果，棄養不停止，結紮不執行，流浪動物永遠會源源而生、救援行動永遠會拖垮更多真正的愛爸愛媽！

莉丰慧民Ｖ不是街頭運動的擁護者，但是，他們會參加抗議，會爭取為流浪動物立法、修法，呼籲結紮的重要性；呼籲零安樂要有配套措施；呼籲虐待動物要加重刑罰。因為他們深切了解，唯有動保教育的普及、動物保護法的完整，才能夠真正保護到流浪動物；照顧到弱勢，也才能帶給社會未來確實的安靜祥和！

還好有北館照顧浪浪。

如果你也想一起幫助浪浪

為了讓「莉丰慧民V館」能夠走更長遠的路；為了讓他們能夠對這些弱勢生命做更多的援助，如果願意購買他們的商品，就是對他們的資助；更是對流浪動物的愛與關懷！感恩！

莉丰慧民V館的宗旨：救援流浪動物，幫助弱勢團體，把「愛與關懷」展現在實際行動上，讓我們的下一代，真正瞭解「尊重生命、愛護生命」的意義！

莉丰慧民V的網頁

首頁：http://lfhm.com.tw/
商店：http://lfhm.com.tw/?post_type=product
臉書官網：https://www.facebook.com/lifhg/

台灣莉丰慧民V關懷動物協會

／第一銀行　羅東分行（代號 007）／帳號：261-10-065789

MAOWASH 毛起來洗 草本養護系列

使用者滿意度
高達98.2%

洗澡的同時　也做好敏弱肌膚保養

- ☑ 溫和植萃配方
- ☑ 草本長效抑菌
- ☑ 平衡控油，降低皮脂分泌
- ☑ 舒緩過敏搔癢不適

毛孩膚質檢測

如果有兩項以上的
症狀，您家毛孩可
能就是敏感性膚質

脫毛

紅疹

體味重

皮屑

搔癢

─ 立即掃描看更多 ─

 毛起來洗 MaoWash

 訂購專線 02-2655-0567

http://shop.maoup.com.tw/

文青の生活散策。

享受單純美好的小日子
作者：江明麗, 許恩婷/等著, 楊志雄, 盧大中/等攝影　定價320元

席捲全台的文創輕旅風潮，你跟上了嗎？來一趟充滿文青氣息的小旅行吧！探尋佇立河岸與山城的祕境書店，拜訪隱身街頭和巷尾的手作雜貨。全書收錄收錄北、中、南、東各地特色小店與文創園區，不論到哪裡，都能來場文創輕旅行！

台北週末小旅行：

52條路線，讓你週週遊出好心情
作者：許恩婷, 黃品棻, 邱恆安/著, 楊志雄/攝影　定價320元

精選52條輕旅行路線，揭露275個魅力景點！自然人文、浪漫文青、玩樂童趣、休閒踏青、懷舊古蹟，5大主題，帶你體驗玩不膩的大台北！搭配清晰的動線標示+簡易地圖，呈現各景點相對位置，讓你找路超輕鬆，按圖索驥更安心！

鐵道·祕境：

30座魅力小站✕5種經典樂趣，看見最浪漫的台灣鐵道故事
作者：楊浩民　定價320元

跟著鐵道愛好者的腳步，認識陪伴台灣成長的鐵道路線，深入探訪30座各具魅力的小車站，輕鬆遊覽3大觀光支線與3大鐵道文化園區，以及虎尾糖廠、阿里山林鐵等懷舊產業鐵道，一路體驗鐵道的經典樂趣，與風情！

YouBike遊台北：

大台北15區 ✕ 58個站 ✕ 220個特色景點
作者：許恩婷/文字, 楊志雄/攝影　定價420元

遊台北，騎YouBike最新潮！赤峰街逛文創小店、新莊廟街品老字號美食，順著河濱公園迎風，……還有隱藏版景點及推薦旅遊路線，約上好友，踩上踏板，以時速20公里的慢騎，認識不一樣的台北。

台茶好滋味：

尋找台灣茶在地的感動
作者：宋冠儀/著, 楊少帆/攝影　定價380元

走訪台灣三大主要紅茶產區，收錄28間特色茶館，品嘗各式各樣的台灣茶、下午茶、茶餐；品讀台灣紅茶故事與茶業發展，看台灣茶如何在這塊土地扎根茁壯，歷經繁華、沒落之後，找到屬於台灣茶的一方天地！

台中·城市輕旅行

文創X美食X品味一網打盡
作者：林麗娟/文, 陳招宗/攝影　定價340元

從上個世代的華麗，到今日的多姿多采，台中，和你想的不一樣！除了宮原眼科、亞洲現代美術館，還帶你探訪一本書店、台中刑務所演武場、范特喜、上下游市集……等，認識台中的文創魂。

奔跑吧!浪浪

從街頭到真正的家

國家圖書館出版品預行編目(CIP)資料

奔跑吧!浪浪:從街頭到真正的家/ 大城莉莉,
楊懷民, Vincent Chang作. -- 初版. -- 臺北市
: 四塊玉文創, 2017.02 面; 公分
ISBN 978-986-94212-2-5(平裝)

1.犬 2.通俗作品
437.35   106000140

作 者	楊懷民、大城莉莉、 張國彬(Vincent Chang)
編 輯	徐詩淵
企劃協力	Non-no Lu.
美術設計	劉錦堂
發 行 人	程顯灝
總 編 輯	呂增娣
主 編	翁瑞祐、羅德禎
編 輯	鄭婷尹、吳嘉芬 林憶欣
美術主編	劉錦堂
美術編輯	曹文甄
行銷總監	呂增慧
資深行銷	謝儀方
行銷企劃	李昀
發 行 部	侯莉莉
財 務 部	許麗娟、陳美齡
印 務	許丁財
出 版 者	四塊玉文創有限公司
總 代 理	三友圖書有限公司
地 址	106台北市安和路2段213號4樓
電 話	(02) 2377-4155
傳 真	(02) 2377-4355
E-mail	service@sanyau.com.tw
郵政劃撥	05844889 三友圖書有限公司
總 經 銷	大和書報圖書股份有限公司
地 址	新北市新莊區五工五路2號
電 話	(02) 8990-2588
傳 真	(02) 2299-7900
製 版	卡樂彩色印刷製版有限公司
初 刷	2017年02月
一版四刷	2017年07月
定 價	新台幣300元
I S B N	978-986-94212-2-5(平裝)

三友圖書有限公司 收
SANYAU PUBLISHING CO., LTD.

106　台北市安和路2段213號4樓

三友圖書
讀書俱樂部

購買《奔跑吧!浪浪：從街頭到真正的家 莉丰慧民V館22個救援奮鬥的故事》的讀者有福啦，只要詳細填寫背面問券，並寄回三友圖書，即有機會獲得英屬維京群島商怪欣科技(股)公司台灣分公司獨家贊助好禮！

「iPet Fancy GPS寵物協尋器」
市價5,980元

共3名

活動期限至2017年04月17日止，詳情請見問卷內容。

本回函影印無效

四塊玉文創╳橘子文化╳食為天文創╳旗林文化
http://www.ju-zi.com.tw
https://www.facebook.com/comehomelife

親愛的讀者：
感謝您購買《奔跑吧!浪浪：從街頭到真正的家 莉丰慧民V館22個救援奮鬥的故事》一書，為回饋您對本書的支持與愛護，只要填妥本回函，並於2017年04月17日前寄回本社（以郵戳為憑），即有機會參加抽獎活動，得到「iPet Fancy GPS寵物協尋器」」市價5,980元(共3名)。

姓名＿＿＿＿＿＿＿＿ 出生年月日＿＿＿＿＿＿＿＿＿＿＿＿
電話＿＿＿＿＿＿＿＿ E-mail＿＿＿＿＿＿＿＿＿＿＿＿＿＿
通訊地址＿＿＿＿＿＿＿＿＿＿＿＿＿＿＿＿＿＿＿＿＿＿
臉書帳號＿＿＿＿＿＿＿＿＿＿＿＿＿
部落格名稱＿＿＿＿＿＿＿＿＿＿＿＿

1 年齡
□18歲以下 □19歲～25歲 □26歲～35歲 □36歲～45歲 □46歲～55歲
□56歲～65歲 □66歲～75歲 □76歲～85歲 □86歲以上

2 職業
□軍公教 □工 □商 □自由業 □服務業 □農林漁牧業 □家管 □學生
□其他＿＿＿＿＿＿＿＿

3 您從何處購得本書？
□網路書店 □博客來 □金石堂 □讀冊 □誠品 □其他＿＿＿＿＿＿
□實體書店＿＿＿＿＿＿＿

4 您從何處得知本書？
□網路書店 □博客來 □金石堂 □讀冊 □誠品 □其他＿＿＿＿＿
□實體書店＿＿＿＿＿ □FB(微胖男女粉絲團-三友圖書)
□三友圖書電子報 □好好刊(雙月刊) □朋友推薦 □廣播媒體＿＿＿＿＿

5 您購買本書的因素有哪些？（可複選）
□作者 □內容 □圖片 □版面編排 □其他＿＿＿＿＿＿

6 您覺得本書的封面設計如何？
□非常滿意 □滿意 □普通 □很差 □其他＿＿＿＿＿＿

7 非常感謝您購買此書，您還對哪些主題有興趣？（可複選）
□中西食譜 □點心烘焙 □飲品類 □旅遊 □養生保健 □瘦身美妝 □手作 □寵物
□商業理財 □心靈療癒 □小說 □其他＿＿＿＿＿＿＿＿＿＿＿＿

8 您每個月的購書預算為多少金額？
□1,000元以下 □1,001～2,000元 □2,001～3,000元 □3,001～4,000元
□4,001～5,000元 □5,001元以上

9 若出版的書籍搭配贈品活動，您比較喜歡哪一類型的贈品？(可選2種)
□食品調味類 □鍋具類 □家電用品類 □書籍類 □生活用品類 □DIY手作類
□交通票券類 □展演活動票券類 □其他＿＿＿＿＿＿

10 您認為本書尚需改進之處？以及對我們的意見？
＿＿＿＿＿＿＿＿＿＿＿＿＿＿＿＿＿＿＿＿＿＿＿＿＿＿＿

感謝您的填寫，
您寶貴的建議是我們進步的動力！

本回函得獎名單公布相關資訊
得獎名單抽出日期：2017年05月12日
得獎名單公布於：
臉書「微胖男女編輯社-三友圖書」：https://www.facebook.com/comehomelife/
痞客邦「微胖男女編輯社-三友圖書」：http://sanyau888.pixnet.net/blog